甘肃12316"三农"服务问答系列丛书

农作物栽培技术
NONGZUOWU ZAIPEI JISHU

罗亚芸　主编

甘肃科学技术出版社

甘肃·兰州

图书在版编目(CIP)数据

农作物栽培技术 / 罗亚芸主编. -- 兰州：甘肃科学技术出版社，2024.9
ISBN 978-7-5424-3180-6

Ⅰ.①农… Ⅱ.①罗… Ⅲ.①作物-栽培技术 Ⅳ.①S31

中国版本图书馆CIP数据核字(2024)第049035号

农作物栽培技术

罗亚芸　主编

责任编辑	史文娟
封面设计	魏士杰

出　版	甘肃科学技术出版社		
社　址	兰州市城关区曹家巷1号　730030		
电　话	0931-2131575(编辑部)　0931-8773237(发行部)		
发　行	甘肃科学技术出版社	印　刷	兰州万易印务有限责任公司
开　本	787毫米×1092毫米　1/16	印　张　9.25	字　数　128千
版　次	2024年9月第1版		
印　次	2024年9月第1次印刷		
印　数	1~2000		
书　号	ISBN 978-7-5424-3180-6	定　价　29.80元	

图书若有破损、缺页可随时与本社联系:0931-8773237
本书所有内容经作者同意授权,并许可使用。
未经同意,不得以任何形式复制转载

编 委 会

主　　任：高兴明
副 主 任：程小宁
委　　员：（按拼音首字母排序）
　　　　　胡箭卫　晋小军　寇宗彦　李　斌　李秉诚
　　　　　李东玲　李国梁　李廷群　刘军德　孟铁男
　　　　　彭志云　宋海慧　史正保　张碧芸　张明宗

主　　编：罗亚芸
参编人员：（按拼音首字母排序）
　　　　　第红君　顿志恒　胡箭卫　晋小军　李城德
　　　　　李国梁　刘学周　彭志云　宋海慧　孙振荣
　　　　　武翻江　谢成俊　岳永华　张明宗　张文利
　　　　　张学斌

序

　　春华秋实，岁物丰成。承载着服务"三农"的重任，转眼，甘肃12316走过了栉风沐雨的十五年。

　　十五年来，甘肃12316孜孜以求、坚持不懈，用饱满的激情在陇原大地上书写着精彩纷呈的故事，演绎着炫人耳目的华章。甘肃12316通过以电话接入为主的服务模式，破解了信息传递"最后一公里"的瓶颈制约，改变了信息"自上而下"被动推送的传统模式，实现了信息服务的精准高效；以组建跨行业、跨部门专家服务团队的模式，打破了信息壁垒，实现了信息互联互通。十五年开拓创新，通过常年专家座席和出现场解决问题的方式，把科技"三下乡"变成了"常下乡""常在乡"，这也是甘肃12316持续发展的生命力和魅力所在；十五年与时俱进，利用信息化技术持续丰富、完善服务，完成了甘肃12316由一部电话到一个平台的华丽转身，构建了五彩缤纷的甘肃12316综合信息服务平台，进一步降低了信息传递和使用的成本，缩小了城乡"数字鸿沟"，加快了信息普及和科技成果转化。可以说，12316这种为农服务模式，是政府了解村情民意、掌握"三农"需求的窗口，在转变政府工作作风、改进干群关系、推广农业先进技术等方面发挥了不可替代的作用，为广大老百姓提供了"用得上、用得起、用得好的信息服务"，让老百姓更好地分享"三农"发展成果，产生更多获得感和幸福感。

春风化雨，润物无声。历经多年发展，甘肃12316已成为农民与政府之间的"连心线"、农民与专家之间的"科技线"、农民与市场之间的"致富线"，是政府服务"三农"的品牌和靓丽名片，受到各方面关注和肯定。甘肃省农业信息中心，以12316发展为主要事迹，2015年，被中宣部、中央文明办、科技部、农业部、文化部、卫计委等12部委授予"全国文化科技卫生'三下乡'先进集体"称号；2017年，被全国妇联授予"全国巾帼建功先进集体"称号。甘肃12316在2017年被省妇联授予"全省巾帼文明岗"荣誉称号。作为与甘肃12316共同成长的《12316"三农"热线》屡获殊荣，2023年，荣获"中国广播电视大奖2021—2022年度广播电视节目奖"。

甘肃12316"三农"问答系列丛书的出版，是对12316立足"三农"，以服务为根本宗旨的进一步发扬光大。希望甘肃12316不忘初心，砥砺奋进，继续提升服务水平，加大服务力度，助力农民增收，为加快推进乡村振兴、实现农业现代化的甘肃实践提供新动力、作出新贡献！

2024年1月

前　言

　　12316是全国农业系统公益服务统一专用号码。甘肃12316是在甘肃省委、省政府的亲切关怀和直接推动下，由甘肃省农业农村厅、省广电局、省通信管理局、省广电总台及中国电信甘肃公司等部门共同打造的"三农"综合信息服务平台。2008年4月1日在全省范围正式开通运行。

　　甘肃12316现有省级座席专家200多名，专业组30个，市县级专家1000多名，专业领域涵盖"三农"工作的方方面面，基本实现了与"三农"需求的无缝对接。十五年来，甘肃12316平台累计解答各类咨询700多万例，日均咨询量稳定在1000个，组织专家出现场1000余次，为农民朋友解决了大量生产生活中的难题，赢得了各方面的信任和点赞。甘肃12316在服务"三农"的过程中，积累了大量的第一手信息，这些信息及时、准确地反映了当前"三农"领域的方方面面，很多问题具有一定的普遍性，一个农民遇到的具体问题，可能是其他农民甚至是一个行业遇到的共性问题，具有很强的代表性和参考价值。基于这种考虑，这些年，我们在做好服务的同时，注重12316平台资源的积累和整理工作，对平台中一些共性的、有代表性的问题进行了梳理、分类、归纳和提炼，形成了甘肃12316"三农"服务问答系列丛书，供全省广大农民朋友在农业生产生活中参考借鉴。

　　甘肃12316"三农"服务问答系列丛书包括《三农综合知识》

《农作物栽培技术》《畜禽养殖技术》《农作物病虫害防治技术》《动物疫病防控技术》等，旨在积累、沉淀12316平台资源，延续、扩大12316服务"三农"作用。为此，编者在梳理、汇总历年资料的基础上，大浪淘沙，力求把基层最关注、最需要的信息呈现出来，以期取之于民、用之于民，更好地发挥科技对农业的支撑作用。与此同时，需要注意的是，由于农业生产具有地域性，书中有些内容尤其是技术类问题主要适用于甘肃省内用户，广大用户参阅时，要考虑当地生产实践，因地制宜，切忌不可照搬。由于在编撰过程中无法准确标注原始资料来源，对于未能标注出处的专家，敬请谅解！对他们作出的贡献深表感谢！

《农作物栽培技术》从农户栽培种植过程中遇到的常见问题出发，分门别类，涵盖果树、蔬菜、食用菌、中药材、粮食作物和油料作物等栽培种植过程中的特殊现象和实际问题，理论联系实际，进行了简要精炼的解答，以期为农业种植生产过程中的从业人员提供参考和借鉴。

在本书的编写过程中，所有的参编人员付出了辛勤的劳动，在此表示诚挚的感谢！

本书通俗易懂，实用性强，适合广大农民、基层农技人员学习参考，也可作为农业科技人员培训教材。由于编者水平和能力所限，书中错误或不妥之处在所难免，恳请广大读者见谅并欢迎批评指正。

编者

2024年1月

目　录

第1部分　果树栽培技术……………………………………001

第2部分　蔬菜栽培技术……………………………………045

第3部分　食用菌栽培技术…………………………………075

第4部分　中药材栽培技术…………………………………097

第5部分　粮食作物种植技术………………………………121

第6部分　油料作物种植技术………………………………130

第1部分 果树栽培技术

1.春季果树栽苗应注意哪些问题?

春季正值果树栽植季节,为保证新植果树苗木的成活率并为今后的早果丰产打下良好基础,概括起来有以下几点建议:

(1)栽植时期

春栽以3月底至4月上中旬为宜,在此期间晚栽比早栽好。

(2)定植穴

①定植穴规格。长×宽×深以80厘米×80厘米×80厘米左右为宜。

②表土、心土分放。0~25厘米内表土要与心土分开堆放。

③回填土。每亩施过磷酸钙50千克。如要施用农家肥,必须充分腐熟,并与回填土混匀,与根系保持20厘米以上间距,亩(1亩≈666.67平方米)用量不宜超过1000千克,尤其慎用鸡粪,以免烧根影响成活率。回填时表土要集中在苗木根系周围。

(3)栽植

①苗木处理。首先是苗木消毒。对根系附有棉蚜的苗木要进行集中消毒。可采用50%多菌灵500倍液蘸根。其次是用ABT生根粉或萘乙酸处理根系,可显著提高成活率。最后是栽植前将苗木整体浸入清水中浸泡

12小时左右,使其充分吸水。

②栽植。首先是定植深度,栽植的适宜深度以苗木根颈处土印为宜,不能超出原深度2厘米以上。过深栽植易造成"闷芽"活而不旺、成活率降低;过浅栽植不易成活。其次是回填,回填土至地面平,要求踩实,否则根系与土壤结合差,影响根系从土中吸收水分,影响成活率。最后是灌水,定植当天必须灌足水(渗到0.8~1.0米深)2~3天后灌第2次水,严防频繁灌水造成烂根影响成活率。待苗木萌芽且气温升高后,灌水要少量多次,间隔7~10天1次,直至雨季来临。

(4)栽植后管理

①定干。定植后及时定干,一般定干高度0.6~0.8米,根据树种不同而异。剪口下芽要壮实、饱满。

②套袋与覆地膜。为防止黑绒金龟子类啃食芽眼,造成闷芽死树,应对苗木上部进行套袋,可起到增加新植苗木生长量的作用。套袋采用长40~50厘米、宽10厘米左右的塑料袋,在果树定干后将袋自上而下套在苗上(剪口上留5厘米左右间隙),避免操作碰芽体,然后在塑料袋的中部和下部绑扎两道,防止风吹使塑料袋来回摆动而碰伤嫩芽。灌第2次水后,在干周1米内用地膜覆盖并用土将膜四周压实,防止风将其吹起,达到增温、保湿作用。

③抹芽。整形带以下的萌芽须及时抹除。

④去除套袋。萌芽后,当幼叶撑起膜袋时,分"3步10天"将膜袋去除。即先将上部剪一个孔洞,使嫩芽接受通风锻炼并使枝芽从孔钻出生长;3天后将上部完全剪开;再3天后将下部捆扎处解开;再间隔3天后(6月中旬)选晴天午后将套袋全部解除。从此以后步入果树栽培正常管理。

2.果树苗越冬期间怎样管理?

秋季新栽果树苗木的越冬因栽培区域不同、树种不同而不同,一般以埋土越冬为好。

(1)苹果、梨等果树苗木,定植后应压倒埋土。埋土厚度根据冬天寒冷程度而定,甘肃陇东南地区埋土厚度以30厘米、中部黄河流域40厘米为宜,河西走廊需60厘米以上。如果没来得及埋土,需要对苗木套育苗袋进行保温保湿。

(2)对核桃等苗木或其他较大的果树苗木压倒埋土比较困难时,也要进行越冬保护。首先用4~5层废旧报纸将枝条包裹,再用塑料膜将报纸包起来,这样对预防越冬抽条有较好的效果。

3.给果树打错农药,怎么处理才能降低损失?

一般农药对于植物的危害有两种,最明显的变化就是叶面或者是果实上会出现斑点、枯萎、卷叶、落叶或落果等。还有一种表现是植物光合作用减弱、花芽形成及果实成熟延迟、矮化畸形、风味色泽恶化等。一旦发现果树遭受药害,应立即采取以下措施进行补救。

(1)冲洗

由于很多农药都不耐水洗,如果误喷或多喷,用清水冲洗是一种可行的办法。如果喷施的浓度过大,要用喷雾器装满清水,反复冲洗果树的叶子,以便更多冲掉残留在表面的药剂。

(2)施肥水

要结合浇水补充一些速效化肥,然后中耕松土,可促进果树尽快恢复正常的生长发育。同时,叶面喷施0.3%~0.5%的尿素、0.2%~0.3%的磷酸二氢钾可改善果树营养状况,增强根系吸收能力。

(3)喷施药剂

高锰酸钾是一种强氧化剂,具有氧化分解的作用,喷施稀释6000倍的高锰酸钾溶液,可以缓解药害。也可以喷施植物动力2003或碧护。

4.果树涂白剂的作用和种类有哪些?

(1)涂白剂的作用

①杀灭病菌。涂白剂中的生石灰和食盐成分均具有杀菌消毒的作用,

可以消灭树干基部越冬的各类病菌,涂白后还能加速伤口愈合。

②杀灭虫卵。许多虫卵喜欢在树皮缝隙中和树干翘皮内部越冬,涂白可以有效将这些虫卵消灭掉。

③防治害虫。危害果树的害虫一般都喜欢黑暗、肮脏的地方,不喜欢白色、干净的地方,树干涂白后害虫不敢沿着树干爬到树上为害。

④防止牲畜啃食。树干涂白后,还能防止被动物咬伤树皮。

⑤防止冻害。入冬后到翌年开春,白天和夜晚温差大。通过涂白,可以将白天充足的阳光和紫外线反射出去,降低树干基部昼夜温差,避免冻害的发生。涂白的树木因为树干基部温度积累较慢,往往使树木萌芽和开花期延迟,能够避免"倒春寒"造成霜害。

⑥防止日灼。树干涂白后,可以将白天明媚的阳光和紫外线反射出去,可以有效减少日灼危害的发生。

⑦美化风景。树干上整齐一致的涂白高度,美化了果园,亮丽了风景,给人耳目一新的感觉。

(2)涂白剂的种类

①以防冻害为目的的涂白剂。滑石粉涂白剂:0.5千克的滑石粉、玉米面或豆面,加水10千克充分搅拌均匀,同时可加入0.2千克洗衣粉,以增加涂白剂的黏着性。

石灰水泥黄泥涂白剂:5千克清水加2千克生石灰,充分搅拌均匀后,依次倒入2千克水泥和1千克黄泥,该种涂白剂耐雨水冲刷,可在树皮上保持一年不脱落,还可以防止侵染性病害的发生。

②以防虫害为目的的涂白剂。涂白前要在树干根颈以上50厘米内先刮树皮,对树龄10年以上易裂皮和翘皮的果树刮皮效果更好,刮除主干、主枝上的老皮,重刮梨树、苹果树,轻刮板栗等,桃李杏不建议刮,以防流胶病的发生。如果发现树干上有害虫或者有蛀干害虫,则先要把观察到的害虫杀死,然后再进行涂白处理。

石硫合剂复合液:先用10千克清水加5千克生石灰充分溶化,并搅拌均匀,再加入黄泥1千克,充分搅拌后再加入11波美度石硫合剂1千克,再加入食盐和植物油各0.5千克,充分搅拌均匀。石灰和石硫合剂可以杀灭在树皮裂缝中越冬的害虫和虫卵,食盐可以防止涂白剂干裂脱落,起黏着作用。

石灰硫黄合剂涂白剂:先将5千克生石灰和0.3千克食盐用8千克的热水化开,搅拌成糊状,然后加入0.3千克植物油、0.5千克硫黄粉、0.2千克的豆面或玉米面,边加入边搅拌至均匀。石灰和硫黄粉可以防冻防病虫害,食盐可以使石灰和硫黄粉渗入树干表皮,保持水分,防止干裂脱落,植物油和豆面增进涂白剂在树干上的黏着性。

③以防病害为目的的涂白剂。石灰硫酸铜合剂:用1千克热水把0.5千克硫酸铜化开放在一个容器中,再把5千克生石灰和5千克清水化成石灰乳放在一个容器中,最后把溶解好的硫酸铜溶液倒入盛放石灰乳的容器中,充分搅拌均匀。

石灰石硫合剂残渣涂白剂:5千克石灰和0.5千克石硫合剂残渣加水25千克,再加0.1千克食盐充分搅拌均匀。

5.果树什么时候涂白好,涂白时需要注意哪些事项?

(1)涂白时间

从11月下旬到翌年2月中旬都可以进行树干涂白,在这期间冬季气温低,冷空气下沉,树干最易受到冻害,部分害虫病菌在树干表皮的裂缝翘皮里潜藏越冬,这个时候对树干涂白效果较好,可明显减少来年病虫发生基数,降低来年病虫害防治工作量。

(2)涂白部位

涂白的高度是距离地面1~1.5米,重点涂白树干的根颈,对树冠不完整的大树、病树、树干南面应该着重涂白。普通枝条、当年生枝条不要涂白,以免烧坏皮层。

(3)涂白注意事项

①涂白剂应随配随用,不宜多配,根据涂白的任务配置涂白剂的量,配好后的涂白剂不宜久放。

②在配置涂白剂的过程中,每次增加成分时都应该充分搅拌,使之均

匀,才可以使涂白剂均匀地紧粘在树干上。

③在果园进行涂白前,应该先对果园进行冬季修剪,然后将剪下的枝条集中起来烧毁,把树干上有折裂、冻裂处等受伤部位用塑料薄膜包裹好。

④观察树干上是否已有害虫蛀入,如果有害虫蛀入应该用棉花或者棉布浸药把害虫杀死后再进行涂白。

⑤涂刷时用毛刷或草把蘸取涂白剂,选晴天将主枝基部及主干均匀涂白,涂白高度以离地1~1.5米为宜。如老树露骨更新后,为防止日晒,则涂白位置应升高,或全株涂白。

6.果树幼树越冬应采取哪些防冻措施?

(1)早施基肥

基肥早施深施,不但能提高肥料利用率,而且有利于果园土壤增温和树体养分积累。

(2)主干涂白

主干涂白可有效防止冻害的发生,一般11月上旬进行。涂白剂配方:生石灰10份、硫黄粉1份、食盐1份、植物油0.1份、清水20份,混匀后均匀涂刷主干和骨干枝分叉处。

(3)盖草覆膜

1~3年生幼树,应在树盘覆盖1平方米大小的地膜,然后在地膜上加盖15~20厘米厚的作物秸秆或稻草,可起到保温增温效果。

(4)根颈培土

土壤封冻前于树体地上部与地下部交界处培土,厚度20~30厘米。待来年土壤解冻时撤除。

(5)包裹树体

土壤封冻前用稻草绳缠绕或用草裹主干主枝,可有效防止寒流侵袭,待来年春天解除,既可防冻又能消灭越冬害虫。

(6)冻前灌水

土壤封冻前10天左右冬灌,可提高土壤温度,保持土壤墒情。

（7）熏烟增温

熏烟应在冬季寒冷的夜间进行，燃料以锯末、碎柴草等为主，夜间12点左右点燃。注意控制火势，以暗火浓烟为宜，不可用明火。一般每亩不少于3个燃火点。熏烟法可提高果园气温3~4℃。

（8）造林防寒

营造防护林可改善果园小气候，减弱风速，抑制干旱，减轻冻害。防护林宜乔灌结合，常绿树木最理想。

7. 秋天进的苗，来年春天栽植，冬季苗木该如何越冬？

秋季起出的果树苗，必须在土壤上冻前进行假植，以保证苗木安全越冬。

（1）假植地点的选择

选择地势平坦，不积水，向阳背风的地方假植。

（2）挖假植沟

选好假植地点，要根据苗木数量多少，有计划地进行东西向挖沟。一般沟深80厘米、宽100厘米，沟的东侧挖成45度斜坡，沟内各断面的浮土要铲净。

（3）准备湿沙

选择干净无污染的沙，过筛后用清水浇湿，含水量以手握成团但不滴水为度。

（4）苗木选择

对不同品种、不同等级的苗木要分开贮放，用标签注明，剔除受病虫为害、机械损伤或组织不充实的苗木。

（5）假植方法

沟内底部先铺10厘米厚的湿沙，将苗木按不同品种和苗木等级（大小、高低、粗细）分别假植。将苗木沿沟朝东以斜势根系向下摆好，摆一行苗，埋一层河沙，每行沙都要拍实。为防冻害，苗木西北侧架设防风障，苗木上可放秸秆、草帘等进行覆盖。

（6）注意事项

首先在贮存时主要看沙子的湿度,沙子过干苗木易失水,太湿苗木易霉烂,影响苗木成活。其次,第二年春在树液流动前,叶芽尚未萌动时,将苗木稳妥取出,按品种适时进行栽植,如不能及时出圃栽植则应采用草帘等遮阴的方法,防止芽苞"冒泡"。

8. 果树采摘之后,如何管理才能使来年产量和品质提高?

（1）喷施药肥保护叶片

果实采收后到落叶还有50~60天的生长期,如不及时给果树喷施药肥,将会导致叶片提前脱落,直接影响花芽分化进程、来年产量、树体营养贮藏。为此,采果后要连喷1~2次的杀虫、杀菌剂,并混合0.5%尿素溶液或高效营养液肥,确保叶片厚大光亮,完整无损,延长有效功能期,为果树后期生长和安全越冬提供更多的营养物质。

（2）早施基肥壮根枝

"四季施肥料,基肥最重要"。秋季雨水较多,果园墒情好,早施、多施基肥非常重要,应将最佳施肥时间安排在9月下旬至10月上中旬。每亩施优质腐熟有机肥3000~4000千克,或者氮、磷、钾复合肥60~80千克。秋季施基肥,务必做到有机、无机、生物、微肥相结合,基肥与树上喷肥相结合,肥与水相结合。

（3）防治病虫降害源

果实采收后至秋末,正是各种害虫产卵、繁殖后代和各种病菌孢子准备越冬时期,采果后和落叶后全园喷施一次杀虫、杀菌剂或5波美度石硫合剂,可明显降低越冬病虫基数,降低翌年病虫的数量和危害程度。

（4）仔细清园优化环境

"采后初冬园清好,来年果优病虫少",这是果农多年从生产实践中总结出来的经验。果实采收后,要抓紧一切有利时机,清除果园地面的杂草、落叶、烂果、果袋,剪除树上的各种"害枝",刮净腐烂病斑,给翌年果树生产创造一个优越的环境。清园工作不能简单了事,一定要认真细致,全面彻底,不留死角。

9. 果园冬季要做哪些工作?

(1)灌好封冻水,果树好越冬

果树进入冬季休眠期之后,营养成分便开始由树体向根部回流,在秋缺雨、冬少雪的年份,浇好封冻水,能促使基肥的腐烂分解,有利于新根生长和根系吸收营养元素在体内的同化作用;有利于冬春季节花芽的分化发育,保持土壤水分充足,防止越冬旱、冻危害,保证翌年开花结果。

(2)清洁果园,集中消灭病虫

冬季是果树休眠期,也是果树害虫、病菌的潜伏越冬期,这时病虫的越冬场所比较集中,龄期较一致,是果树病虫害集中防治不可忽视的时期。搞好果树休眠期的病虫防治,可以减少病菌及害虫的越冬基数。

①清洁果园。结合冬季修剪去除干枯枝、病虫枝,将园内杂草、病果及虫果清除干净,及时烧毁或深埋。当果树落叶90%以上时,在树冠下挖深60厘米、宽40厘米左右的沟,将落叶杂草一同埋入沟内,上面填表土,既消灭杂草和落叶中的越冬病虫,又增加有机肥。还可有效降低蚜虫等害虫的越冬基数。修剪时要注意保护大伤口,用果友皮腐康、愈合剂或伤口涂布剂进行涂抹。

②检查刮治腐烂病、粗皮病。重点检查主干、大枝、枝杈、剪锯口以及腐烂病旧疤,刮治复发和新发现的病疤,并用果友皮腐康、愈合剂或伤口涂布剂涂抹。刮治后的病残体和其他病虫枝要集中烧毁深埋处理。

③刮除老翘皮。特别是枝杈夹角处和日灼伤疤及时深埋或烧毁,以预防枝干病害和消灭越冬虫卵。

④检查防治钻木虫。对于蛀干害虫,如天牛等,可用细铁丝插进枝干的虫孔,刺死幼虫;也可用稀释5~10倍的敌敌畏或乐斯本,用注射器将药液注入孔门,用泥堵严孔口,这样可将躲在树干内的害虫毒死。

(3)整形改形好光照,调势调花结大果

整形修剪是冬季果树管理的重要方面,整形主要是针对树形,即通过一定的手段,使果树拥有合理的骨架结构,使果树的主枝在空间上均匀分布,达到通风透光的目的;而修剪主要是针对树势即负载量,通过修剪,使果树树势趋于健壮,负载合理,连年结果。

(4)防冻防寒

①培土防寒。在结冻前于树体地上部分向地下部分交界处培土,厚度20~30厘米,来年化冻时撤除。

②主干束草。用稻草绳缠绕主干,不仅可有效地防冻,还可消灭越冬的病虫。

③树干涂白。对主干、大枝杈和中心干上的部位刷涂白剂,可以起到防冻的目的。涂白剂配制比例:水30千克+白灰10千克+食盐2千克+动物油2.5千克+石硫合剂原液1.5千克。

10.冬季如何预防果树冻害?

(1)包扎树干

冬季来临之前,用麦秸、稻草绳缠绕主干、主枝或做成草把捆绑树干,防寒风侵袭,减轻冻害。捆草时,应将草顶部用绳捆紧在树干上,下面散开,不要整草扎紧,以防树干结冻,反遭冻害。

(2)设置风障,绑扎防风篱笆

地势平缓地带,在果园外围西北侧用树枝、干草等编筑一道高约1米的防风篱笆或挡风土埂,保护根颈不受冻。对小面积幼龄果园,可以用高粱、玉米秸秆每隔2~3行树苗设置防风障。

(3)喷保护剂

在低温冻害发生之前喷施稀释5倍的石蜡乳化液或稀释150倍的羧甲基纤维素液等保护防冻剂2~3次,可密封枝条气孔,减少水分散失,预防抽条,延迟果树花期,提高树体汁液浓度,从而增强抗寒性。

(4)树盘覆盖

用稻草、麦秆、玉米秆或杂草覆盖树盘,既可保墒,又能提高地温。在树干周围1米范围内铺设地膜、树叶、谷壳或木屑等,对保持和提高地温,防止果树冻害效果也很显著。对于幼树,最好采用覆膜防冻,每隔100米左右插一个弧形支架,上盖塑料薄膜,四周用土压实压严。待翌春气温回升后,先揭开薄膜两端"放风",等幼树逐渐适应外界环境后,再揭开全部薄膜。

(5)营造防护林

在果园四周30米以外的地方营造防风林,是一项长期有效的防寒抗冻措施。

(6)培土防寒

入冬前结合中耕除草,在树根处、树干基部培土15~20厘米保护根系,减轻冻害。春季及时撤土,提高地温,促进根系活动。

(7)采取"暖带"栽植

建园时选择"暖带"区域。丘陵、山地避免在低洼处种植,以免霜打平地。在暖带栽种的果树一般霜冻较轻。

(8)选择抗寒树种或品种

不同的树种或品种,其抗寒能力不同,在建园时应有所选择,做到适地适树栽种。

(9)增施肥料

采摘前后,在树体外缘挖环形沟施入农家肥,搭配适量氮磷钾肥,施肥后浇上较淡的人粪尿,覆土。

(10)修剪

在晚秋或初冬季节,对落叶果树,特别是1~2年生落叶果树,可适当修剪或人工落叶,以减少树体消耗、增加积累,提高御寒防冻能力。

(11)涂白树干

在秋末冬初,结合清园对树干进行涂白。先将生石灰5千克和盐1千克分别用热水20千克融化开,然后两液混合搅拌,再加上石硫合剂原液0.5千克、植物油0.1千克搅拌均匀即制成涂白剂。可杀死树干的越冬病菌和虫卵;还可增强阳光反射能力,减少昼夜温差的大幅变化,避免日灼夜冻。涂干时要将树干全部涂满,直到主侧枝的分杈处。

(12)清除积雪

下大雪时,最好及时摇动树体,抖落树干上的积雪,避免压伤枝条,减少冻害。

(13)冬灌防冻

在采果1个半月后,土壤"夜冻昼化"时,在果树行间挖沟,然后顺沟灌透水。既可做到冬水春用、防止春旱,促进果树生长发育,又可以水蓄温,使寒潮期间地温保持相对稳定,从而减轻冻害。冬灌后,最好覆草,也可对地表浅锄,防止水分蒸发。

11. 采果后果树管理五个常见的误区是什么?

(1)不搞秋季修剪

不少果农在果品采摘后,任由徒长枝、发育枝生长,其实,这是一个误区。此时可通过短截、疏枝、回缩枝组、压低枝头、"开天窗"等技术措施,为群体通风透光创造条件,这对于充实花芽和储备营养具有重要意义。

(2)不施基肥

按照常规管理,在果树中早熟品种采摘后应及时进行秋施基肥,这些肥料多以优质圈肥、土杂肥、植物秸秆等有机肥为主并混加复合肥。施肥后结合深翻园土,及时浇水借以发挥肥效。此时气温、土壤温湿条件适宜,有利于促发新根和伤口愈合,以及根系对肥水的吸收利用。一旦错过时机,就会造成光、热、水、肥资源的浪费。

(3)翻地怕伤根

果树能否正常生长发育,主要看根系有无良好的生态环境。如土壤疏松通气性良好,肥水条件适宜,果树自然就会正常生长结果。不少果园因土壤板结,根系无法正常活动,导致树体发育不良。尤其有些黑黏土果园,常年施化肥不施土杂肥,加剧了土壤板结程度;还有不少果农很少给果园翻地松土,误认为翻地会伤根,年复一年,土壤板结越来越严重。

(4)采果后不喷药

对于采果后再喷药,有人认为是多此一举。果品采收后,树体有个自然休整阶段,老百姓俗称"歇树"。此时喷药主要是防病防虫,保护叶片,以期利用光、热条件,延长叶片有效期,提高光合利用率,增加营养积累,减少越冬虫源、病源。防治对象主要是梨黑星病、苹果褐斑病、小卷叶蛾、金纹细蛾等。

(5)不重视拉枝、顶枝及开张角度

果树在整个生长季节,果实体积逐渐膨大,树体负荷加重,主枝、辅养枝的角度随之开张加大,才使通风透光条件得以改善。果实成熟至采收期间,树体角度达到最佳状态,在果实采收后的一段时期内,树体角度有一段相对稳定时期,在生产上可借植株角度尚未恢复时,进行顶、拉、撑、拽等技术措施加以固定。

12.甲霜灵在蔬菜上广泛应用,能在果树上用吗?

甲霜灵又叫瑞毒霉、瑞毒霜、万霉灵、多霉灵、灭霉灵、甲霜安、阿普隆、氨丙灵、雷米多尔,属低毒农药,是一种具有保护、治疗作用的内吸性杀菌剂,可被植物的根、茎、叶吸收,并随植物体内水分运转到植物的各个器官。可以用作种子处理和土壤及茎叶喷雾。

甲霜灵对霜霉菌、疫霉菌、腐霉菌引起多种蔬菜的霜霉病、早疫病、晚疫病、猝倒病效果好。蔬菜生产中多用甲霜灵防治黄瓜、白菜、莴苣、白萝卜的霜霉病,番茄、辣椒、马铃薯晚疫病,茄子绵疫病,油菜白锈病等。

果树上可以用甲霜灵作杀菌保护剂,用于各类果树霜霉病的预防和早期治疗,如葡萄的霜霉病就可以用甲霜灵来防治。

13.如何修剪两三年的富士苹果树?

对于初结果2~3年生富士苹果树,树体骨架和树形已基本形成,在修剪上与未结果的幼树有很大区别。总体以轻剪长放、缓和树势、促进花芽形成为主,一般尽量少短截,不再进行重短截。

(1)对过密枝、徒长枝、强旺枝,以疏出为主,去强留弱。

(2)对保留的枝条要拉平长放,不短剪,缓和枝势,促进花芽形成,提高产量。

(3)修剪时适当多留花芽以利多结果,从而削弱营养生长,保持树势中庸,实现丰产稳产。

14.苹果果形剂什么时候用最好,喷几次比较好?

果形剂俗称拉长剂,主要在元帅系苹果上使用,具有增大果形指数,使果实端正高桩、五棱突起,提高果实外观质量和商品率,增加产量和效益的作用。

(1)果形剂配置

目前市场上果形剂主要有宝丰灵、宝美灵等生物源果形高桩剂。稀释倍数大多为350~400倍(试剂浓度和含量不同稀释倍数不同,请严格按照说明使用)。为了避免漏喷或重复喷施,可在果形剂配置时加入红色或蓝色食用色素作为标记。

(2)喷施时间

在苹果盛花期时喷施。可选无风或微风、晴天或傍晚及早晨露水干后进行;一天之中选择上午9~11时,下午3~7时进行。

(3)喷施次数

原则上只喷施1次。喷施次数过多或喷施浓度过大,会引起果实畸形、五棱过度突起变形、果实萼洼开裂、出现青头或偏头等现象,影响外观质量和效益。

(4)选用工具

选择雾化效果好的手持小型喷雾器。

(5)施用方法

用一只手的两个手指头夹住花朵,另一只手持喷雾器在距花朵15厘米的正对面对准花朵中心柱头喷布,喷后用手轻摇花枝,使其均匀喷布到花朵中心,避免花朵上残留过多药液。以药液沾满花瓣和花心不滴为准。

(6)喷施顺序

从上到下、由内到外。

15.苹果树在施足有机肥和复合肥的情况下,叶片变黄是什么原因造成的?

在施足有机肥和复合肥的情况下,出现这种情况,是果树缺铁引起的黄化病。

(1)缺铁性黄化病的症状

果树缺铁性黄化病首先从新梢顶部嫩叶开始表现,初期先是叶肉失绿变黄,叶脉仍保持绿色,叶片呈绿网纹状,随着黄化程度加重,新梢嫩叶全叶呈黄白色,下部老叶也出现黄化,继而新梢顶部叶片上出现坏死斑点,叶片边缘开始产生褐色焦枯斑,叶片逐渐枯萎,严重者叶片坏死脱落,顶芽枯死,甚至导致整株死亡。除叶子表现失绿症状外,果实也表现黄化现象。

(2)发生黄化病的原因

果树黄化病主要是因为土壤中有效铁含量低,在植物体内移动性差造成的。容易缺铁的原因主要有以下几种:

①土壤含盐碱多。在碱性土壤中pH过高,铁沉淀而使活性铁转化成非活性铁,不能被植物吸收利用,形成缺铁性失绿,因而缺铁性黄化多发生在盐碱地区。

②土壤有机质过低。土壤有机质含量低,铁的有效性下降,不能被果树吸收利用。

③土壤中磷、锰或锌含量过高可能引起缺铁,不合理施肥,尤其是磷肥施用过多也容易引起缺铁。肥水过量,尤其偏施氮肥,造成新梢生长过旺,铁元素吸收不足,也会使新梢表现出不同程度的缺铁失绿症状。

④同土质与灌水有关。土壤黏重、排水不良及经常灌水的果园发病较重。干旱时由于水分蒸发,表层土壤中含盐量增加,也会导致黄化病发生。

16. 秋季建园后埋土越冬的苹果苗木,春季什么时候出土,出土后主要有哪些管护措施?

(1)出土时间

甘肃大部分地区秋栽埋土越冬的苹果苗,包括秋季埋土越冬的葡萄树,春季出土时间一般以4月上中旬为宜。具体出土时间应具备两个条件:一是看土壤温度。用温度计测定,当距地表20厘米深处土壤温度连续3天稳定在8~10℃时,即可出土。二是看天气状况。根据气象预报,苗木出土后未来10天左右最好不要遇到强降温。总之,苗木出土不宜过早,也不能过晚。过早,因地温未回升,不利苗木成活,容易导致抽干或"假活"现象。过晚,会导致烂苗,有时还会因地温过高,苗木萌发长出"黄芽",不利于成活。

(2)管护措施

苗木出土后,首先将苗木扶正,然后须及时定干,在苗干上套塑料袋,并沿行向起垄覆盖黑膜。膜宽1.2米左右,垄高10~15厘米,垄面应中间高两边低形成斜面(10度左右),便于集雨。膜两侧开沟,既可收集雨水,又可作为灌水、施肥沟。

17. 苹果树苗3月份栽植早不早?如果早的话,树苗应该怎样保存?

(1)3月份栽植苹果树的确早了

适当推迟栽树时间,可大大提高成活率。在甘肃省中部和陇东南地区,春季果树苗木栽植时间一般以4月中下旬为宜,这时候不仅外界气温高,而且土壤温度也迅速回升,达到了根系生长的要求,栽植后苗木和根系均很快恢复生长,根系能够及时提供苗木生长所需的养分和水分,成活率很高,不会出现"假活"现象。

(2)如提前购买了苗木,应进行临时假植保存

具体技术如下:最好选择在果库或菜窖中保湿假植存放。如果没有条件,也可选背阴、排水良好的地方挖沟假植,沟宽50厘米、深30厘米,大苗可适当加深。然后将假植苗木成捆地倾斜排列在沟内,用较细的湿土或湿沙(湿度以手握成团不散开为宜)覆盖苗木根系和靠近根系20厘米左右的苗干踩实,防止透风失水。待树液流动前,叶芽尚未萌动时栽植。

(3)苗木假植注意事项

假植沟必须选在阴凉背风处,防止春季栽植前早发芽,影响成活。覆盖苗木的土壤不宜太湿,以防根系和被埋苗干发霉腐烂,如果覆土过干或太薄,则无法保水、保湿。栽植时,边起苗边栽植,尽量减少苗木根系在空气中的裸露时间,防止根系失水,提高栽植成活率。如不能及时栽植则应采用草帘等遮阴的方法,防止芽苞"冒泡"。

18. 苹果园遭受冰雹袭击,损失惨重,后期该如何管理?

(1)果园管理

①及时清理果园,减少病原。及时清理果园内沉积的冰雹、残枝落叶及落果等,及时排出积水,清除淤泥。对皮裂、叶片破碎的重灾果园,要全面清除地面落叶、落果,挖坑深埋。摘除无商品价值的伤果,保留部分小雹坑的果实,减少当年损失。

②及时喷施杀菌药剂。以预防和阻止病原菌的发生蔓延,每隔10~15天喷1次杀菌剂,连喷2~3次,以减少病原,预防病菌侵入。

③疏松土壤,养根壮树。雹灾发生后应连续翻土2~3次,不仅可散发土壤中过多的水分,改善土壤的通透性,还可恢复和促进根系的生理活动,从而达到养根壮树的目的。

④追肥补养,恢复树势。首先是叶面喷肥,及时解决树体营养不足问题;其次是地下追施氮磷钾复合肥,每株0.5~1千克。在果树恢复生机后,施肥以农家肥为主,并配合适量化肥。

(2)树体管理

①伤口保护。对于果树主干、主枝和一些较大侧枝的皮层被冰雹打伤后,应及时切削翘起的烂皮,并涂抹果宝康、843康复剂、愈合剂、植物伤口涂补剂等药剂,提高伤口的愈合能力。对一些较大的主枝,雹伤面积在1平方厘米以上的疤痕,在涂抹药剂的同时,用塑料袋包扎伤口,以加速伤口的愈合。

②修剪整形。a.清剪枝条:雹灾过后,应及时剪除折断的枝条,对于雹伤密度大、破皮重、无法恢复的枝条要从基部疏除,多留雹伤轻的发育枝或枝组,避免造成大伤口;剪口要涂封油脂,防止干腐病的发生。b.合理留枝:由于树体伤口较多,伤口下的叶芽会迅速萌发,应根据树形需要适当保留新萌发的枝条,以补断枝的空缺,其他扰乱树形的萌芽和树基部的萌条及时疏除。c.科学冬剪:冬季修剪尽量要早,以减少蒸发和养分消耗。若不能辨认枝条的死活,也可延迟到春季再修剪,以免误剪。修剪宜轻,多留枝,以丰满树冠,恢复树势。

(3)花果管理

①疏果。灾后及时疏除雹伤严重的残次果,以节省养分,尽快恢复树势。

②晚熟果补套果袋。因果树梢叶被打断打落,一部分果实套袋被打破,果实直接裸露于烈日下,极易发生日灼,应进行补套袋,以提高果实品质,减少灾年损失。

(4)加强病害防控

果树受灾后树势较弱,抗病能力降低,灾后要特别注意喷药保护。首先要及时使用甲基硫菌灵等杀菌药对果园连喷2~3次;其次就是等落叶后至来年萌芽前喷布5波美度石硫合剂,同时做好不同时期的病虫预测预防工作,确保树体尽快恢复健壮。

19.苹果树育苗砧木种子都有哪些?种子如何沙藏处理?

(1)砧木种子种类

可选的砧木种子有:新疆野苹果、楸子、山定子、西府海棠、怀来海棠、陇东海棠等。

(2) 种子沙藏

①沙藏时间。新疆野苹果沙藏期为80~90天；楸子沙藏期为80~100天；西府海棠和怀来海棠沙藏期60~70天；山定子沙藏期为70~90天。以播种时间倒推，计算沙藏的具体日期。

②沙藏方法。少量种子可用瓦盆或木箱等容器进行沙藏。盆底穿孔，孔上覆瓦片，先在底部铺一层沙土。再按容积计算，把种子和湿沙按1:5的比例混合均匀后装入容器内，中间插一把草。河沙要求纯净、无泥土等杂质，湿度以手握成团、一触即散为宜，装后埋在室外越冬。

大量种子沙藏时，可在排水良好的阴凉处，挖深60~70厘米的沟，沟长视种子量而定。沟底先铺一层河沙，在沟底和四周插一小草把，把混沙的种子放入，快满时再覆河沙一层，地上覆土高20~30厘米，防止雨水渗入。

③沙藏期管理。沙藏期间要进行不间断的检查，翻动几次，防止堆温升高及湿度过大、过小，并清除霉烂种子。后期注意种子萌发情况，如离播期远，种子已萌动，可在夜晚打开土堆，白天覆盖，加厚或加水降温；如接近播期，种子还未萌动，可白天揭土，晚上盖帘，提高沙堆温度，或连同沙子取出，升高温度后放在向阳处催芽。

20. 苹果在采收和采摘后应做好哪些方面的工作？

苹果采收及采摘处理包括采摘、挑选、分级、预冷、包装储运等环节，经过处理后的苹果，果实表面光洁，果个大小均匀，色泽度基本一致，商品性状明显提高，其常温保鲜期大大延长，可以满足苹果市场对高档苹果的需求，同时可提高销售价格，增加苹果生产者和经营者的经济效益。

(1) 苹果采收期的确定

除按照果实的生物学和理化性状确定采收期外，还应该参照以下几点。首先根据市场需求及销售价格确定采收期。在果实成熟前，大量客商为抢占市场提前到产地收购果品，这种情况下，应根据上年市场分析和当年行情预测，觉得合算，就应抢时采收销售；有时客商要求果实完全成熟时

收购,这就需根据签订的合同要求,适当晚采。其次,根据果实用途。若果实采收后进行长途运输和贮藏,或用于加工蜜饯、罐头等,可在八分熟时采收。若仅提供当地市场,不作长途运输和长期贮藏,或作为果汁、果酱、果酒的加工原料,宜在食用成熟期采收。还可根据天气状况确定采收期,若气象部门预报近期有大风、暴雨、冰雹等灾害性天气,应提前采收,以减轻经济损失。

(2)采收方法

鲜食果品采取手工采摘,采摘时必须使用采摘筐等专用工具,将采下的苹果装入周转箱。采摘的顺序是先上后下,由外而内。采摘的时间以气温较低的早晨较好。采收过程中要轻拿轻放,防止机械损伤。为提高优质果率,最好采取分期采收,即对果园的果实采收分2~3次进行。首次主要采收树冠外围、上部个大、着色好的果实;1周左右后再采摘树冠内膛、中下部着色较好的果实。分期采摘时,要注意不要碰伤或碰掉留在树上的果实。

(3)采摘后处理

①进行挑选。这是苹果采后处理的第一个环节,目的是剔除有机械伤、病虫为害、外观畸形等不符合商品要求的果品,以利于下一步的分级、包装和储运。

②进行分级。这就是要按照果形、大小、色泽、质地等其他特性进行分级,还要根据果实的横径分为若干等级。

③及时降温。也叫作预冷。苹果采摘后,带有大量的田间热,并且果实本身呼吸作用旺盛,放出热量也较多,如果采收后立即包装储藏,易发热腐烂。采摘后进行散热降温,可以更好地降低果品的生理活性,减少营养成分和水分的损失,还能延长储藏的寿命,改善储藏后的品质。就苹果而言,较经济的预冷方法是自然预冷,即将产品放在通风的地方使其自然冷却。常用的方法是在阴凉通风的地方做土畦,深15厘米左右,宽1.2米左右,把果实放入畦内,排放厚度4~5层果为宜,白天遮阳,夜间揭去覆盖物通风降温,降雨或有雾、露水时,应覆盖以防止雨水或雾水、露水接触果实表面,经1~2夜预冷后于清晨气温尚低时将果实封装入储或直接入储。若

清晨露水较重,应于该天傍晚将覆盖物撑起至离果20~30厘米处,这样可达到预冷又防露的目的,次日清晨即可入储。

21. 苹果品质的评判标准及如何提高品质?

(1)苹果品质的构成

①表面外观品质。果形和果个、色泽和色相、果面光洁度决定苹果的等级规格。(见表1)

表1　富士苹果等级规格表

项目		一级品	二级品	三级品
品质基本要求 (适用于所有等级)		果实完整良好、新鲜无病虫害,有本品种的特有风味,色泽纯正,果面光洁,发育充分,有适于市场或贮存要求的成熟度,果形端正或较端正,果个整齐,果梗完整或统一剪除。		
着色度	红色品种色泽	着色面 ≥90%	着色面 ≥80%	着色面 ≥60%
	其他品种色泽	具有本品种成熟时应有的色泽		
果径(毫米) 最大横切面直径 (大型果)		≥70	≥65	≥60
果面缺陷	碰伤 磨伤	无		轻微碰擦伤,表皮不变色面积不超过0.5平方厘米
	果锈			允许轻微果锈,面积不超过1平方厘米
	水锈			允许轻微薄层,面积不超过1平方厘米
	药害			允许轻微薄层,面积不超过1平方厘米
	日灼			允许轻微日灼,面积不超过1平方厘米
	雹伤			允许轻微雹伤,面积不超过0.4平方厘米
	虫伤			允许轻微表皮虫伤,面积不超过0.5平方厘米

②鲜食内在品质。糖酸相宜、果实脆硬、香气浓郁、绿色食品。

③贮藏品质。贮藏期的长短、病虫害发生情况、生理病害的发生情况。

(2)提高果实品质的技术途径

①选择优良品种,适地栽培。

②加强土肥水管理,增施有机肥料。

③搞好疏花疏果,做到合理负载。

④科学进行病虫害防治,尽量减少农药残留。

⑤果实着色期进行摘叶转果,地面铺设反光膜。

⑥根据果实用途,适时采收。

⑦加强采后处理,完善贮藏措施。

22. 苹果套袋的最佳时间及注意事项有哪些?

套袋时间的早晚对日烧病轻重、果形指数、产量增减、防病效果等都有一定影响。甘肃省大部分地区套袋最好从6月初开始,6月中旬结束。套袋时还应注意天气变化,尽量避开高温期。

(1)套袋前注意事项

要及时喷药,注意保护好果实、叶片。

(2)严格进行疏花疏果

疏去弱花、晚茬花、腋花、梢部花,定果时20~25厘米留一个果,留中心果,果柄长的果,将花萼不闭合的果、小果、扁果、畸形果、肉质柄果、朝天果、病虫果、伤果疏去。严格控制留果量,每亩留果量不宜超过1.3万个。

(3)增施有机肥和磷钾肥

要加大有机肥的施入量,生产上多使用优质鸡粪作为有机肥,每亩施入6000千克以上。有条件的果园追肥前要进行叶面分析或土壤营养诊断,以确定合理的追肥数量和比例。同时,根据果树生长发育的不同阶段均衡施肥,注意控氮增磷、钾,尤其在中后期增施磷、钾肥,结合树上喷施叶面肥,有利于果实着色和防止日灼。

(4)套袋技术要规范

果实套袋时操作技术不规范会造成套袋果成品率低。要严格按照套袋技术规程操作,套袋时封口要严,防止害虫进入袋内为害果实,防止药液和雨水进入袋内污染果面。套袋时勿使果袋紧贴幼果,以免造成果面粗糙、果锈,避免日灼。

(5)注意补钙及微量元素

近年来许多营养学专家研究表明,钙对苹果品质的影响远比氮、磷、钾、镁等元素重要。因此钙元素对于套袋苹果的品质起着决定性作用。套袋前后,应结合喷药给果树喷施多次氨基酸钙或双效微肥,以减轻苦痘病、痘点病、水心病等生理缺素症的发生。

(6)注意选好套袋

正确选袋、选好袋是套袋成功与否的关键。

(7)配套技术要跟上

随时检查袋内的病虫害情况;及时检查果袋口包扎状况;摘除枯黄和受挤压叶片。摘袋前1~2天要喷施一遍高效杀菌剂,防止病菌侵染摘袋后的果实。摘袋后及时铺设银色反光膜,适时摘叶、转果。

(8)注意适期采收

宜于除内袋后15~20天,分两期采收(相距8天左右),采果顺序是先上后下、先外后内。套袋果果皮较薄嫩,在采收和搬运过程中,应尽量轻拿轻放,减少碰、压、刺、划伤等。要求边采收、边分级。晚熟品种,采收越晚,着色越好,品质越佳。

23. 苹果还有一个月就要采摘了,果袋什么时候取,怎样操作?

(1)适时摘袋

一般在果实采摘前20天左右摘袋,采取两次取袋的办法,在第一次取袋后5个晴天日再摘内袋,防止果实日灼。

(2)秋剪

秋剪的目的是增加光照,提高树冠的透光率,促进果实着色,主要是疏除徒长枝、竞争枝、直立枝,使每个枝的叶片都均匀着光,保证果实着色。

(3)摘叶

以摘除果台基部叶片为主,也可适当摘除果实附近新梢基部到中部的

叶片,以增加果实直接浴光程度,有效增进着色,同时防止叶面紧贴果面,使果实形成花斑,还可避免一些害虫借助贴果叶片掩护为害果实;摘叶一般分两次进行,第一次结合摘除果实内袋一并进行,以摘除果实周围的小叶为主。第二次摘叶在第一次摘叶的1周后进行,可全部摘除果实周围的遮光叶。试验证明,随着摘叶量的增加,全红果的比率也随之增加,但摘叶并非越多越好,随着摘叶量的增加,日灼现象也越来越严重,适宜的摘叶量应为全树的15%~20%。

(4)转果及垫果

可使果实着色指数平均增加20%左右,转果时期在摘袋15天左右进行,用改变枝条位置和果实方向的方法,将果实阴面转向阳面(为防止果实再转回原位,可用透明白胶带将果实固定)使之充分受光,果面易呈红色,转果时轻轻转动果柄,以免扭伤果实和离层,造成落果;转果时间掌握在上午10时前和下午4时后进行,以防发生日灼病。垫果主要是为了防止果面摘袋后出现枝叶磨伤,利用摘下来的纸袋,把果面靠近树枝的部位垫好,这样可防止刮风造成的果面磨伤,影响果品外观质量。

(5)铺银色反光膜

在果实着色期,树盘铺银色反光膜可改善树冠内膛和下部光照状况,使树冠下部的果实,尤其萼洼及周围充分着色,真正达到全红果,同时提高果实含糖量;反光膜铺于树冠下,行间留出作业道,边缘固定,每亩园用膜300平方米,果实采收前1~2天将反光膜收起洗净晾干,第二年可继续使用。铺设的范围以树冠的垂直投影为限。

24.富士苹果去袋后着色不好,是什么原因造成的?

(1)种性不良

早期引进的品种如长富二号等品系老化,着色较差;晚期选育的品种如烟富系列、2001富士苹果、红将军、烟嘎一号、烟嘎二号等品系着色较好。建议结合密植郁闭园的改造,将品种更新改造成新品种。

（2）光照太差

许多果园密植郁闭,通风透光条件恶化,果实因见不到光或见光太少而着不上色,这是苹果着色不良的一个主要原因。凡是内膛和下裙枝结的果,着色差都是这一原因引起的,对于这种情况,必须进行密植郁闭园改造。

具体方法:先确定永久行和临时行或永久株和临时株,再对临时行或临时株的交叉郁闭部分逐年进行回缩,直至彻底伐掉,为永久行或永久株让位。对于品种不优良的果园可采取隔行或隔株换头的办法,将改造的行或株确定为永久行或永久株,其余作为临时行或临时株对待,等行间或株间交叉郁闭时,对未改造的临时行或临时株进行逐年回缩,直至彻底伐掉,为改接的永久行或永久株让位。对于树不密的园片,要结合整形疏除过密的大枝,尤以疏除过密过大的侧枝为主,优化树体结构,改善通风透光条件。

（3）养分供应不均衡

这是引起苹果着色不良的另一重要原因。施肥是根据果树的需肥规律与每个区域甚至每个果园的测土结果进行的,多氮缺钾均可导致苹果着色不良,缺镁也会使苹果产生失绿症。一些果农对此不了解,施肥存在盲目性,没有按照测土配方平衡施肥的技术要求去做,长期以来重无机肥轻有机肥,重氮轻磷不施钾或少施钾肥,滥用中微量肥,致使果实生长发育所需的各种养分不能均衡供应,从而影响了果品的产量和质量。

对于这种情况,要转变施肥理念,重视有机肥的使用,以有机肥为主、无机肥为辅,适当减少化肥的使用量,注意氮磷钾和各种中微量元素的合理配合,特别注意增加钾肥和镁肥的使用量,以满足果树生长发育所需营养元素的均衡供应,使之高产优质。

（4）水分不足

充足的水分供应是促进苹果着色的重要生态因素。在苹果着色期,如遇干旱无雨天气,应及时灌溉,增加果园湿度,促进果实着色,同时良好的果园湿度也能调节果园的昼夜温差,从而促进上色。

（5）负载太高

过量负载不仅容易导致大小年,而且果品的质量也会下降。由于果实相互拥挤,光线受阻,着色也会不全面。正确的做法是合理负载,较易掌握的方法是间距留果法,即大型果按20~25厘米的间距留2个果,小型果按15~20厘米的间距留1个果。一般亩产量控制在3000~4000千克为宜。

(6)夏秋修剪不及时

夏秋季节的修剪任务是剪去那些直立的旺长枝、徒长枝、过密枝、交叉枝和重叠枝等,改善风光条件,促进光合作用,均衡树体营养,减少养分消耗。如果不剪或剪得过晚,则达不到上述作用,从而影响着色。这项工作最晚也应在脱袋前完成,以促进果实着色。

(7)摘叶、转果、铺设反光膜等增色措施运用得不够好

脱袋后,应及时摘去贴果叶片和遮光叶片,使果实见光;等果的阳面着色较好及时转果,并垫好果实,使果面着色均匀完整;铺设反光膜可使较密园片的内膛和下裙枝上的果实着色完整,尤以促进果洼部位着色较为明显。

(8)纸袋质量较差,没有掌握好套袋脱袋的时间

劣质纸袋因其遮光度较差,不耐雨水冲刷,易破碎,不能很好地抑制叶绿素的形成、促进花青素的合成,脱袋后不利于苹果着色。应选用遮光度好、耐雨水冲刷的优质双层纸袋,如日本小林袋或外袋外黄内黑、内袋为红色的双层纸袋等。套袋过晚,脱袋过早、过晚均不利于着色。

25.苹果园11月如何管理?

11月果实已经采收完毕,苹果开始落叶,应抓紧时间,在早霜来临之前进行秋耕保墒、清理果园、树干防护等。

(1)病虫害防治

①虫害的防治。苹果采收后,潜叶蛾、螨类、卷叶蛾等开始在枝干、粗皮裂缝中以蛹、卵或幼虫越冬。所以,在果实采收后,要剪除病虫枝,刮除树干粗皮,捆绑草捆诱集越冬害虫,收集后集中烧毁,以减少来年害虫基数。苹果棉蚜、桃小食心虫、金龟子等入秋后会潜入根系周围的土壤中越冬,结合秋季施肥,深翻树盘,将地面的病叶、残果、杂草及在其中越冬的害虫翻入土

壤深处,使其来年不能出土为害,同时将土壤中越冬的害虫翻出地面冻死。果园里边或附近放农具或废弃的房屋是茶翅蝽等害虫的理想越冬场所,在冬季或早春进行喷药或将房屋密闭后熏蒸,防治效果特别明显。

②病害的防治。苹果枝干病害主要包括轮纹病、腐烂病、干腐病等,是影响果树生长、果品质量提高的重要病害,主要在成年结果树上发生,管理措施差的幼龄结果树也有发生。从病害的发生规律看,最佳用药时间是11月中下旬,春季萌芽前用药效果不好。结合刮树皮,将病斑或病瘤刮除后涂药。

(2)果园土肥水管理

①秋施基肥。在苹果采摘后进行,宜早不宜迟,而且施肥越早效果越好。秋施基肥可以补充苹果采摘后树体营养亏损,特别是结果多、树势弱的树,早施基肥显得更为重要。一般在9月初至落叶前进行。肥料以腐熟的有机肥为主,化肥为辅,做到改土与供养相结合,迟效与速效相结合。在施肥中要氮、磷、钾配合,对缺少微量元素的果园要有针对性地施入。采用两年深施一年浅施的方法,深施时挖环状沟或放射状沟,沟宽25~30厘米、深50~60厘米,隔年挖沟的位置要错开,施肥后要覆土、浇水。

②果园深翻。一般在苹果采收后11月上旬进行。果园深翻可以增加土壤活土层厚度,改善通气条件,增加土壤中微生物的活动能力。而且通过深翻可以促发大量新根,提高根系活力,有利于养分和水分的吸收。翻土深度从树干根颈处向外围逐渐加深,树冠下部以20厘米左右为宜,树冠外围应加深到30~50厘米。深翻时遇到主根和粗大的侧根,可在树冠外围将根系切断,促发大量新根,同时深翻可杀死大量在土壤中越冬的害虫。

③浇冻水。有灌溉条件的果园,封冻前应在树盘内灌水,满足冬春季对水分的需要;没有灌溉条件的果园,也要进行园地耕翻,保蓄水分,安全越冬。冬前灌水可以提高果树抵御严寒的能力,满足果树来年春季生长发育所需要的水分。水的比热大,可以保持土壤比较稳定的温度,防止冻害。时间宜在11月中旬,气温在-3~10℃时进行。

(3)修剪

需要拉枝的果树应在秋季进行,此时容易拉、定形快、缓势效果好,以提高枝条成熟度,充实芽体饱满等特点。拉枝要以非骨干枝开角为主,开张角度在80度左右,能有效缓和树势,早结果。

(4)树干防护

①树干套薄膜筒。苹果树落叶前,对当年秋季所栽植的幼龄苹果树干套薄膜筒防寒,以利于安全越冬。

②树干束草。有条件的苹果园,在幼龄苹果树落叶前,树干束草或麦草秸秆,不但有利于预防野兔等动物啃咬,而且有利于防寒越冬。

③树干涂白。苹果树落叶至土壤冻结前,配制涂白剂涂刷树干和主枝,可减少或避免果树日灼和冻害,消灭树干裂皮缝内的越冬害虫,同时具有防寒等作用。

26.初期挂果的苹果园施什么肥料好?施肥量是多少?

结合施肥中存在的问题及苹果树营养生长与生殖的关系及需肥特点,在施肥中,氮肥应"稳中带控",施肥适期在年前和生长中后期。磷肥在生长前期,钾肥在生长中后期施用,注意增施钙肥和微量元素,做到平衡施肥。

(1)基肥

采收后越早施肥越好,最迟在解冻后施入。施肥种类以有机肥为主,配合速效氮磷肥,施肥量每亩发酵鲜鸡粪等优质圈肥2500千克以上,秋型BB肥(氮磷钾比例为30∶10∶5)50千克。

施肥方法:挖深30厘米、宽40~50厘米的环状沟或条状沟施入;沙土地穴施,每株树挖深30~40厘米、直径40~50厘米的穴4~8个,穴底用黏土铺底,基肥、速效肥均施在穴中,形成集中营养穴。可加入优质硼肥(持力硼)250克、优质硫酸锌7~10千克、硫酸亚铁10~15千克。

(2)追肥

在套袋后6月底前施入,施肥种类以速效钾肥为主,配合氮肥。亩施夏型BB肥(氮钾比例15∶20)50千克,挖深18~20厘米条状沟或环状沟施入,也可撒施后浅埋;沙土地施在营养穴中即可。

(3)叶面肥

发芽前喷禾丰锌1500倍液,花前花后可喷速乐硼1000倍液2次。生长期可喷施"瑞绿"螯合铁1500倍液补铁,螯合钙1500倍液补钙,螯合锌1500倍液补锌。根据需要喷0.3%~0.5%尿素液。采收前喷2~3次0.3%~0.5%的磷酸二氢钾,采收后喷施1%尿素液。

27.苹果采摘后如何给果树施肥?

早熟品种或土壤较肥沃或树龄小或树势强的果园施有机肥2000~3000千克/亩;晚熟品种或土壤瘠薄或树龄大或树势弱的果园施有机肥3000~4000千克/亩。化肥根据产果量进行施用。

亩产4500千克以上的果园:氮肥25~40千克/亩,磷肥10~15千克/亩,钾肥20~30千克/亩。

亩产3500~4500千克的果园:氮肥20~30千克/亩,磷肥8~12千克/亩,钾肥15~25千克/亩。

亩产3500千克以下的果园:氮肥15~25千克/亩,磷肥6~10千克/亩,钾肥15~20千克/亩。

土壤缺锌、硼和钙的果园,相应施用硫酸锌1~1.5千克/亩、硼砂0.5~1.0千克/亩、硝酸钙30~50千克/亩,与有机肥混匀后在9月中旬到10月中旬施用(晚熟品种采果后尽早施用);缺硫果园应选择含硫肥料如硫酸铵、硫酸钾、过磷酸钙等,也可适当施用硫黄。

28.红富士苹果树去年施过肥,今年缺肥了是什么原因?如何追肥?

苹果施肥以有机肥为主,时期要在秋季施肥为宜。去年施过肥,现在还出现缺肥,除果树正常生长发育需要量大外,可能还有以下几方面的原因。

(1)去年施肥时机没有掌握好

大多数园农都是在深秋基施肥料,错过了秋施基肥的最佳时机。深秋地温下降,根系活动趋于停止,肥料利用率大大降低,相对增加了生产成本。落叶后施肥和春施基肥,肥效发挥慢,对果树春季开花坐果和新梢生长作用较小,不利于花芽分化。

(2)施肥深度没有把握好

化肥过浅,造成养分挥发浪费;有机肥过深(80厘米上下),未施在根系集中分布层,不利于根系吸收,降低了肥料利用率。

(3)施肥点偏少或没有与土壤充分搅拌

肥料过于集中,造成土壤局部浓度过高,常易产生肥害,特别是磷肥因移动性差,不利于肥效发挥。

(4)施肥后忽视浇水

在生产中不少果农比较重视施肥工作,但往往忽视浇水工作,虽然施肥不少,但因土壤干旱而不能最大限度地发挥肥效,因而对果品产量和质量造成很大程度的影响。缺水地区,可以进行树盘秸秆覆盖,既可保持土壤水分,还可增加土壤有机质含量。

如果树已挂果,建议进行叶面喷施追肥。叶面喷施能够直接被叶片吸收,是一种高效、快速的施肥方法,因此被广大果农广泛应用。但是,有些果农在进行叶面喷施中存在着一些不当之处:一是肥料种类选择不当,如用碳酸氢铵喷施,造成烧叶;二是喷洒部位不准确;三是浓度掌握不准,或高或低。

(5)正确的追肥方法

①根据果树需要选择喷肥种类,在氮肥中以尿素应用最广且效果较好。

②确定适宜喷洒部位。不同营养元素在树体的移动性不同,氮、磷、钾属极易移动的元素,其次为硫与氯。不易移动的有铁、锰、锌、钼、铜,几乎不移动的为硼、镁、钙。因此喷施部位要有所区别,特别是微量元素在树体内流动性差,最好直接喷洒于需要的器官上。另外,叶背比叶面吸收快,喷肥时要重点喷施叶背。

③确定合理的喷肥浓度。必须依据不同的生育期和气候条件以及树种采用不同的浓度。幼叶浓度宜低,成龄叶宜高;降雨多的地区和季节可适当高些,反之宜低。另外,喷洒量要足,以叶片湿润、欲滴未滴为度,同时叶面喷肥浓度一般较低,含肥量较少,为提高喷肥效果,最好连续喷洒2~3次以上,间隔10~15天。

29.苹果园春季施肥技术要点有哪些?

决定苹果产量的三个要素是:上一年的成花量、当年的坐果率和成熟期的果实大小,这三个要素与苹果树的养分供应密切相关。苹果树施肥的三个重要时期分别是春季的3月、夏季的6月和秋季的9月,从时间段上可以简称为"施肥三六九"。我们可以把这三次施肥定位为:春季——保花保果肥,夏季——促花膨果肥;秋季——促根壮树肥。

(1)春季施肥的时间

一般而言,根部施肥要掌握根系生长的规律,苹果树根系生长在一年中有三个高峰,分别是春季3月上旬至4月中旬、夏季5月下旬至7月上旬、秋季9月上旬至11月中下旬。由于黄土高原苹果园春季干旱,气温变化不正常,影响树体养分吸收,而早期营养状况的好坏直接影响果树的开花、坐果和果实发育。旱地果园要严格掌握施肥的时机和施用方法,追肥时间不能太早,以萌芽前一星期左右为佳,施肥后还应及时浇少量水,以确保肥效。

(2)春季施肥量

根据苹果园施肥调查结果,施用的复合肥其氮磷钾比例为2∶1∶2,一般每生产100千克果实需纯氮0.4~0.7千克、磷0.2~0.35千克、钾0.4~0.7千克。按亩产2000~3000千克产量计算,在施有机肥的基础上,全年追施纯氮18~23千克/亩、纯磷13~16千克/亩、纯钾25~30千克/亩。就春季追施氮肥而言,应以氮肥为主。时间宜在萌芽前至开花前,宜早不宜迟。无灌溉条件的果园氮肥要趁雨后墒情好一次施入,施肥量为年总氮量的1/2;有灌溉条件的果园可分两次施入,施入年总氮量的2/5。

(3)春季施肥方法

常见的春季施肥方法有两种,即根部施肥和根外追肥(叶面喷肥)。

①根部施肥。要确定苹果施肥方法和位置,要依树龄、树冠大小、根系分布特点及肥料种类而定。苹果的水平根系一般集中分布在树冠外围的垂直投影区域,垂直根系集中在土层20~50厘米处。肥料施在根系分布层内,利于根系对养分的吸收,同时考虑到根系具有趋肥性,因此施肥时应将肥料施在根系集中分布区稍深稍远处,诱导根系向纵深广远发展,扩大吸收面积,增强抗旱能力。肥料不同,施肥位置也不同,氮肥移动性强,应浅施;磷肥移动性差,在土壤中易被固定,施肥时不宜太分散,而应相对集中地施在根系分布层内。

②根外追肥(叶面喷肥)。指将一定浓度的肥料、营养液喷洒或涂抹在苹果树体上,通过叶、果、枝等直接吸收进入树体,是施肥的辅助性措施。叶面喷肥具有简单易行、肥效快、用量少等优点,能解决土壤对一些元素的生物、化学固定问题。对于缺素症的矫治具有良好的效果。叶面喷肥的目的主要是补充钙、镁中量养分和硼、铁、锰、锌等微量元素。

30.果树春季开花时,怎样合理施肥?

春季果树肥料施用的合理与否不仅关系到当年果园产量及果品质量,还关系到今后几年果树的产量、品质。因此果树春季肥料施用在全年的肥料施用中是最重要的一次。根据不同果树的春季生长特点,要及早施入肥料。一般应在果树萌芽或开花前约10天施入为宜。合理搭配肥料,要根据不同果树的树龄、生长结果及土壤肥力等情况,做到有机肥料与无机肥料的搭配、速效性肥料与迟效性肥料的搭配、氮磷等主要肥料与微量元素肥料的搭配。以苹果树为例,对氮、磷、钾的需求比例为1∶0.5∶1,也就是说,每生产100千克苹果需要纯氮0.5千克,纯磷0.25千克,纯钾0.5千克。以上一年果树的产量和果园的土壤肥力状况来确定当年的氮、磷、钾等无机肥用量,同时,每亩配合使用4000千克左右的腐熟农家肥,可保证当年丰产。肥料施用采用沟施或穴施的方法,但许多果园经营者因劳动力等原因,会采用地面撒施等方法,这样不仅会浪费肥料,而且会影响果树的生长结果,因此一定要深施覆土。

31. 果采摘后,什么时间给果树施基肥好?如何科学施用?

基肥是较长时间供给果树多种养分的基本肥料,通常以迟效性的有机肥料为主,如堆肥、厩肥、绿肥、作物秸秆等。施肥后,可增加土壤有机质,提高土壤孔隙度,改善土壤水、肥气、热状况,有利于微生物活动。基肥也可混施部分速效化肥,以增快肥效。

(1) 基肥要早施

最好在9月上旬,最迟不能超过9月下旬。其好处是施肥时根系造成的伤口容易愈合,以利新根发生,因这时正是根系生长高峰期;二是温度高,微生物活动旺盛,肥料分解快,易被吸收利用;三是速效部分可供后期果实发育,增大果个,增进着色,并使花芽饱满,促进根系生长;四是迟效部分经过秋冬长期的腐熟分解,增加贮藏营养,供给果树来年开花坐果。早施基肥比晚施和明年早春施肥能将坐果率提高8%~9%,可明显提高产量。

(2) 基肥腐熟好再施

首先,未腐熟的有机肥病菌多、虫害多,施用后会引发病虫害,增加喷药次数。其次,未腐熟的有机肥在腐熟过程中要释放出大量的热,容易造成烧根现象。因此,基肥应腐熟后再施。

(3) 施基肥要结合浇水

因为肥料中的养分,只有通过雨水溶解才能被吸收。若雨水多,可在下雨前后施基肥;若干旱,可在施肥前后3~5天浇1次水。

(4) 施肥量要适宜

由于有机肥养分全面,有机质含量高,而且能改善土壤结构,因此,增施有机肥是提高果品质量的有效措施。一般施用量为斤果斤肥,亩产2000千克以上的高产果园,适当增加施肥量,达到1千克果2千克肥,同时要配合施用化肥,施用量按每产100千克果1千克纯氮,N:P:K=1:(0.7~0.8):1。施基肥时,要把全年氮肥的1/3,钾肥的2/3,及全部磷肥与有机肥混合施入土壤。

（5）施肥方法

因有机肥移动性差，所以要施到根系集中分布层。桃、杏、李等浅根性果树要施得浅些；苹果、梨根系强大，要施得深些。幼龄果园可以环状施肥，成龄果园用放射沟施肥，根系分布满园的要全园施肥，但最好挖通槽施肥，把有机肥施到槽内，使有机肥与土混合，再在沟内浇水。等水下渗后，施入化肥，然后埋土。这样施肥比较合理，能提高肥水利用率，并能防止土壤板结。

32. 果树的落叶怎样处理才能施入地里肥地？

果树落叶后，大多数果农会将落叶清理到园外烧毁处理，目的是减少翌年病虫害的发生。但是落叶中含有丰富的营养元素，这样做造成了资源的浪费。合理利用果树落叶来还园，不仅可以改良土壤、培肥地力，还可以消灭在树叶中越冬的病菌和害虫，减少化肥和农药用量，可谓一举多得。具体操作方法是：

（1）收集落叶

果树落叶后，将落叶连同园内杂草一起收集起来，集中堆放。

（2）沤制发酵

沤制前，先将落叶用40%乐果乳油800倍液或80%敌敌畏乳油400~500倍液，或20%氰戊菊酯乳油500~600倍液喷施，喷施后要充分拌匀，并堆制3~5天，这样可杀死潜藏的虫、卵。然后将落叶与农家肥按1:1的比例集中堆沤发酵，充分腐熟。如果在沤制时加入少量的过磷酸钙，则效果更佳，且肥效高。

（3）科学还园

结合果园翻耕土壤，将发酵好的落叶及农家肥混合，进行放射状沟施或环状沟施，施肥深度在60厘米左右。据试验，在不切断果树根系的情况下，深施比浅施效果好。

(4)及时灌水

落叶还园后,如遇干旱天气,应及时在树盘周围灌足水,并用秸秆覆盖树盘保墒。

33.果树穴贮肥水节水增产法具体怎样操作?

(1)处理草把子

将玉米秸秆、麦秆或杂草切成30~35厘米长的段,捆成直径为15~25厘米的草把(共扎3道),然后放在10%的尿素液或鲜尿中浸泡一天半,让其吸足水肥。

(2)挖穴数量

据树冠的大小决定挖穴数量,一般10年生的苹果树可挖4~6个穴。穴直径要略大于草把子的直径,一般为20~30厘米。穴深35~40厘米,土层较薄时,可适当浅些,但必须比埋入的草把子高3~5厘米。穴位在树冠垂直投影下稍里。

(3)埋草把

将经充分浸泡的草把子垂直放入穴内,再用50~100克硫酸钾、50~100克过磷酸钙、50克尿素与土壤混合均匀后填到草把子周围,踩紧踩实。草把子顶部覆盖1厘米厚的土,再施50克尿素,然后浇水,每穴浇水4~5千克。

(4)覆盖薄膜

最后用薄膜覆盖整个树盘,穴口比树盘低1~2厘米。下次浇水时,用木棍戳孔,每穴浇水4~5千克。需追肥时,把化肥溶于水中后再浇施。浇后用土块压孔,防止风吹破薄膜。

34.秋天怎样修剪3年的桃树?怎样能让桃树安全过冬?

(1)修剪

桃树修剪技术目前主要推行的是长枝修剪法。3年生的桃树秋天修剪应做好两点:一是疏。对过密的当年生的枝条要及时从基部疏除,切忌短截或重短截,以防萌发二次枝消耗大量营养。原则上,每相邻的两个枝条相距10厘米左右的距离,其余的全部疏除。疏剪时以疏除背上枝、直立强旺枝、病虫枝为主。对多年生的枝条一般不做修剪。二是拉。对保留下来的比较直立的当年生枝条和比较直立的多年生枝条要及时拉枝,开张角度以70度~80度为宜,缓和枝势,促进花芽形成。还可采用适当摘心的措施,使枝条生长充实,提高抗寒性。

(2)安全越冬

桃树幼树的安全过冬核心是预防抽条(抽干)。一是尽量控制秋梢生长量。严格控水控氮,杜绝大水漫灌,使枝条以增粗生长为主,提高枝条木质化程度,可大大减轻越冬抽条,甚至不抽条。二是保护。冬季比较寒冷和春季风沙天气较多的地区,对幼树枝条应采取必要的保护措施,比如,用废旧农膜、报纸、草把等对枝条进行包裹,防止水分散失,避免抽条。

35.日光温室促早桃树已经开花了,在田间管理的时候应该注意哪些问题?

(1)温度要求

花期对温度要求严格,最适温度白天18~22℃,中午最高不能超过25℃,夜晚最低不要低于5℃。

(2)湿度要求

花期湿度不能大,否则花粉不容易开散,最适宜的相对湿度为40%,不能超过60%。为了减少湿度,可以进行地膜全面覆盖。

(3)光照要求

花期不需要特别强的光照,现在开花,因为太阳高度较低,光照符合要求。

(4)授粉要求

可以人工授粉、蜜蜂授粉、熊蜂及壁蜂授粉。蜜蜂授粉要求,每亩需要两箱,壁蜂要求500只;人工授粉可在上午10点到下午3点进行,用竹竿绑鸡毛,在花朵上轻扫。

(5)其他方面

花期和幼果期不能浇水,容易引起落花落果,花期也不能打药。

36.永昌县能不能栽植桃树和核桃树?

原则上桃树和核桃树这两种果树都可以栽植,但都有一些制约因素,理论上永昌县不是这两种果树的最适宜区域。

(1)相对来说,桃树更适宜一些,在永昌县可以正常越冬,但最大的问题是花期冻害。因为桃树相对苹果等果树开花要早,而永昌县及整个河西地区冬春季节较冷,桃树花期很容易遇上晚霜冻害,轻则减产,重则绝收。

(2)对核桃而言,最大的制约因素是幼树越冬问题,一是冬春季节核桃幼树枝条抽条较重,当年生枝条会失水抽干;二是永昌及整个河西地区冬季极端低温低,如果持续时间长,会导致整个树体被冻死。

(3)如果要栽植核桃,首先应选择抗寒性强的品种,比如辽河系列的品种;其次,幼树越冬必须要采取保护措施,等结果后抽条会越来越轻,直至不抽条。

37.核桃树嫁接的品种选择、嫁接时间和方式有哪些?

根据长期的核桃生产经验,核桃树的嫁接品种和嫁接时间、方式概括起来有以下几个方面:

(1)品种选择

应选择适应性强、表现良好、丰产性强、坚果品质优、嫁接成活率高、成形快的品种,如香玲、鲁光、中林一号、西林三号等。

(2)嫁接时间

①枝接适宜时间在4月上旬至5月上旬,由于此技术不易掌握,成活率不高,所以不提倡应用此法。

②芽接最佳时间在5月中旬至6月中下旬,此时温湿度条件适宜,砧、

穗均生长旺盛,接后愈伤组织容易形成,芽萌动后生长快,木质化程度高、有利于安全越冬。

(3)嫁接方式

①硬枝接穗(春季枝接用)。应在发芽前20~30天采集接穗,选择髓心小、枝条充实、芽体饱满、无病虫害的枝条。接穗贮存可采用沙藏技术。

②绿枝接(芽接)。所用接穗随采随用,所采接穗必须在当天用完。需要长途运输的,运输时应采取保护措施,防止失水,避免蹭伤蜡质层和萌芽。

38.核桃树嫁接(芽接)的技术要点有哪些?嫁接后如何管理?

(1)嫁接(芽接)技术要点

提倡采用方块形芽接。

①砧木处理。去掉砧木上过密、多余的枝条,把树形显示出来。选留粗度1厘米以上的枝条,在距主枝10厘米范围内(使树形紧凑)选出嫁接部位,然后在枝条上方保留4~5片叶子去顶,接芽方向灵活掌握,中心干芽方向朝里,其余侧枝芽朝向一侧或枝背,有利于树形恢复。

②割取接芽芽片。选择与砧木粗度相近、发育成熟、饱满接穗上的芽体做接芽,在接芽上部0.5~0.8厘米处和叶柄下0.5~0.8厘米处各横切一刀深达木质部,要求割断韧皮部,然后在叶柄两侧各纵向切一刀,要求深度达到木质部但不割断木质部,这样较嫩的芽片可容易取下。之后在撕开的一侧断口处用力向另一侧轻推芽体,使芽片木质部与韧皮部分离,要保证生长点全部取下,最后用手撕下芽片。

③砧木开门。在需嫁接的砧木上,选一个方向合适、光滑的部位,按接芽芽片的大小横切一刀,竖切(长度要超过萌芽长度2倍左右,有利于放水),再横切一刀,撕下韧皮部,取下的部分大于接芽的长度和宽度各0.2厘米左右。

④镶芽片(嫁接)。将取好的接芽放入砧木中,要确保芽体的一横、一竖边与砧木的两边对齐。注意不能将芽片在砧木上来回摩擦,避免将形成

层损伤。再用弹性较好的塑料条自下而上把接芽绑缚严密,用力适中。确保芽体与砧木的形成层紧密接触,无漏风处。

(2)嫁接后的管理

①除萌、剪砧、解绑。将嫁接后砧木上的所有萌芽全部除掉,保留叶片,以防直晒芽片,影响成活率;当接芽长到5厘米时剪砧,把接芽以上的部分剪掉;当接芽长到15~20厘米时(芽片愈合时)解绑,解绑后继续保持除萌工作。

②肥水管理。嫁接后视土壤墒情加强肥水管理,在土壤缺墒不太严重时,嫁接后2周不浇水施肥,当新梢长到10厘米以上时,应及时追肥浇水,也可将追肥、灌水与松土除草结合进行。秋季应适当增加磷钾肥,以防苗木徒长。在新梢生长期会遭受食叶害虫,要及时检查,注意防治。

39.核桃树什么时候嫁接成活率高?

(1)首选芽接,核桃嫁接一般在6月,方块芽接成活率最高。选择好芽、气候正常、技术得当的情况下成活率可以达到95%。具体方法是选择刚刚硬化还没有木质化的接穗,挑选饱满的侧芽切割成方块状,注意要带护心肉,也就是正对芽体的纤维组织,然后在砧木当年生或两年生枝条的光滑部位开与芽片大小吻合的窗口,窗口下部划一刀作为伤流液出水口,放入芽片,用塑料条捆扎严密即可,防止暴晒和淋雨,接口以上留存3个复叶,萌芽后剪掉,接口上部保留3厘米以上,防止抽干。

(2)在春季砧木刚刚萌动、接穗没有萌动(清明后4月中旬)嫁接,即枝接,成活率略低,可以达到80%以上,此时注意保水防止风干,成活后还要防止风折。

40.能否在核桃树下种黑金刚土豆?

根据长期的核桃生产经验来讲,在新建的核桃园可以选择间作土豆等矮秆作物,只要技术措施得当,一般不会和果树形成肥水竞争。但在套种时,需注意两个问题:一是必须给果树留出1.2米左右的营养带或沿果树行向起垄覆膜,以黑膜为宜,幼树覆膜宽度1.2米左右。二是对间作物一般不宜大水漫灌,以免引起果树徒长,不利于成花和越冬。需要注意的是,套种土豆有时会招来中华鼢鼠,啃食、咬断果树根系,导致树体死亡,应加强防范。

41. 华池县适合种植什么品种的核桃?核桃树下适合种植什么?

适宜华池县种植的核桃品种主要有:新疆薄壳系列(温185),西扶、西林系列,辽核系列(1#、3#、5#),香玲等。

核桃种植地可以套种的作物以矮秆作物为宜,如豆科作物最好,如果套种小麦、胡麻等中秆作物应留出通风行。一般早实核桃树成龄地不再套种作物,晚实品种地里可以套种。

42. 枣树夏季怎样管理?

(1)土肥水管理

①叶面喷肥。花期(5月下旬至6月下旬)喷一次浓度为0.3%硼砂,也可喷赤霉素溶液,均能提高坐果率。从7月上旬至8月下旬,每隔15天喷一次0.3%尿素加0.3%磷酸二氢钾溶液,能防止落果,增加果重,提高品质。

②追肥。7月上旬,成龄大树株施硫酸铵(或碳酸氢铵)0.5~1千克、过磷酸钙2~3千克。施肥方法可采用穴状施肥、环状沟施或放射状沟施。穴状施肥一般根据树冠大小,每株挖8~10个深、长、宽各20厘米的坑,将化肥撒入坑中,用土填平,并做好树盘。环状沟施沿着树冠投影挖宽、深各30厘米环状沟,把肥料撒入沟内,与土充分混合,然后把沟填平,在沟外缘做一树盘,以备浇水。放射状沟施是以树干为中心,距树干约50厘米,向四周延伸开4~6条深、宽各20~40厘米的放射沟。近干处浅,越远越深。撒

入肥料,与土充分混合后填平并做好树盘。此期追肥可减少落果,加速果实生长,提高品质,增加果实含糖量。

③灌水。枣树在生长期内需要充足的水分,尤其是开花和果实发育期,一定要充分灌水。值得注意的是花期浇水不能太大,以使根系分布层含水量达到田间含水量的70%为宜。干旱年份可采用小水勤浇的方法,效果也很好。

(2)夏季修剪

夏季修剪是枣树栽培中一项很重要的技术措施,可大幅度提高坐果率。

①摘心。在6月上旬至中旬,对骨干枝和大型结果枝组以外的所有当年生枣头进行摘心,以控制其生长,促发二次枝,增加枣股数量。可依据枝条方向确定摘心程度,空间大的可留5~6个二次枝,空间小的可留3~4个二次枝,以增加内膛结果的枝组,当年结果,甚至创造二次结果条件。

②抹芽。抹除主干、骨干枝上萌发的无用萌芽。

③疏枝。春夏季节从枣股上发出的新枝或从枣头基部萌发的徒长枝,以及其他交叉枝、密生枝等,如无利用价值,要在枝条尚未木质化时疏掉,以减少营养消耗,改善光照条件,促进坐果。

④开甲。开甲一般在6月中旬进行。

(3)主要病虫害综合防治

6月上旬、下旬喷阿维菌素,防治枣粉蚧、桃天蛾、枣黏虫、枣步曲、桃小食心虫。7月下旬和8月中、下旬各喷一次戊唑醇或粉锈宁或苯醚甲环唑+高效氯氰菊酯或阿维·高氯或甲维盐,防治枣锈病、刺蛾类、桃小食心虫、炭疽病。

43.花椒的育苗技术有哪些?

(1)种子采集与处理

①种子采集。选择生长健壮、无病虫害、品质优良、丰产性状稳定的单株为采种母树,在果皮完全变红时采收。采收后的果实放在通风干燥的室

内摊开阴干，切忌暴晒。

②种子处理。方法一：秋季将1份种子、2份湿沙混合均匀后，放进深60~80厘米的坑中层积贮藏，春季播种时取出。或用1份种子、6份生粪，混合均匀，入坑贮藏，第2年春天取出播种；方法二：越冬干藏的种子，在春季播种时必须进行脱脂催芽处理，即将种子用碱水或洗衣粉浸泡2天，捞出后反复揉搓至种壳为灰褐色现出麻点为止，然后将种子倒入种子体积2倍的开水中，迅速搅拌2~3分钟，再换温水浸泡2~3天，待有少数种皮开裂时，即可从水中捞出，放在温暖处进行种子催芽，当有少数种子露白时即可播种。

(2) 育苗技术

花椒主要采用播种育苗，花椒育苗的好坏，取决于种子处理如何。因为种壳坚硬、含油较多、不透水，发芽比较困难，所以种子的处理是花椒育苗的关键。花椒春播和秋播均可，秋播以10月中、下旬播种为好，其种子可不经过处理；春播一般在3月中旬至4月上旬进行。花椒播种多采用条播，行距15~20厘米，沟深3厘米，每亩播种量10千克为宜，覆土后轻微碾压，再用植物秸秆或塑料膜覆盖，待有部分种子发芽出土时，及时撤去覆盖物。春播后，一般10~20天苗木陆续出土，当幼苗长出2~3片真叶时应及时间苗。间苗后要及时浇水、施肥，并要中耕锄草和防治病虫害。

(3) 苗圃地选择

花椒树喜温、喜光，抗寒性差，选择苗圃地时，要选择在海拔1800米以下背风向阳的阳坡、半阳坡中下部。山顶、山梁、风口及过于瘠薄、阴冷的阴坡，以及黏重土壤、重盐碱地、石灰结核沉积过多、地下水位过高的地方不能选为苗圃地。

(4) 主要病虫害防治

花椒蚜虫在花椒苗发芽前，用吡虫啉或啶虫脒及时防治。

44. 花椒树施什么肥料好？一年施几次肥？

花椒树对氮肥的反应特别明显。氮素过多，新梢长势猛，枝干增粗快，又易萌发徒长枝、根蘖,树体繁茂,受光量少,导致花芽分化受阻,果实着色不佳,影响经济收入。

(1)基肥

花椒树施基肥,应以有机肥料为主,并适量加入一些磷肥、钾肥作基肥。施基肥时,应在根系第三次生长高峰期即9月中下旬,可使树体休眠枝充实度提高,促进花芽分化。为增加树体贮存养分,使花芽分化饱满,来春早萌发,秋施基肥量要占全年施有机肥量的2/3以上。

(2)追肥

一般于3月下旬追施一次萌芽肥,5月中旬追施一次保果肥和促进花芽分化肥。春施有机肥时,可适量加入一些尿素、碳铵等速效氮肥,但用量不可过大,否则会造成树体旺长。

(3)叶面喷肥

为增加树体的吸收和抗旱能力,还需通过叶面喷施微量元素,弥补土地的肥力不足。一般于4月至5月喷2~3次0.3%氮肥(尿素),5月至6月各喷一次0.3%的磷酸二氢钾。初花期和果实膨大期,各喷一次0.3%的硼肥。6月至8月喷施2~3次5%草木灰浸出液。椒果采收后,及时喷施一次0.3%尿素溶液,以补充树体营养,增强光合作用能力。

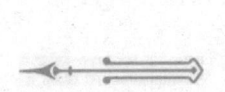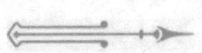

第 2 部分

蔬菜栽培技术

1. 黑色农膜与白色农膜相比有哪些突出特点？

（1）保肥能力强

用黑地膜覆盖的土壤，因土温变化平稳，有机质也就处于正常循环状态。有关资料表明，黑膜覆盖栽培作物下土壤中的全氮、有机质、速效钾、碱解氮等营养指标，比覆盖透明膜的都有不同程度的提高。

（2）保水能力好

据资料记载，黑地膜覆盖后地下5厘米的含水量，不论在覆盖后两天或覆盖后三五天，都比透明膜高4%~10%。

（3）土温变化小

黑地膜透光率低，辐射热透过少，所以被覆盖土壤的土温日变化幅度小。据相关部门测定，黑膜覆盖的土壤，在植株生长盛期，土温比用透明膜低1~3℃。升温也没有白色地膜快。由于增温幅度小，有利于促进作物根系的正常生长，特别是对那些怕高温（土温）的菜豆、辣（甜）椒等蔬菜的生长极为有利。

（4）抑制杂草生长

采用透明膜覆盖时草害是个严重问题，改用农用黑地膜覆盖后，地面

杂草因光照条件不足而难以生长,有关记载表明,覆盖透光率为5%的黑膜,一个月后土壤几乎不见杂草。使用透光率10%的农用黑地膜覆盖时,土壤虽生出杂草,但生长力很弱,不会造成严重危害。

2. 不同作物耐氯性不同,哪些作物属于忌氯作物?

氯是植物所必需的微量元素,植物除了从土壤中吸取氯之外,也可从雨水、灌溉水以及空气中吸收氯。因此,在大田中很少有植物缺氯。根据作物对氯的耐受力,可以大致将其分为以下几类。

(1)耐氯强的作物类型

主要是谷类作物中的水稻、高粱、谷子等,纤维作物中的棉花、麻类,以及甜菜、菠菜等。这类作物可以在土壤氯浓度>600毫克/千克条件下正常生长。故在土壤含氯量不高(<200毫克/千克)的地区,这类作物完全可以按照其氮、钾需要量施用氯化铵和氯化钾,能获得与不含氯的钾肥同样的优质高产效果。

(2)耐氯中等的作物类型

主要是谷类作物中的大麦、小麦、玉米等,豆类作物中的蚕豆、豌豆等,油料作物中的油菜、花生等,蔬菜作物中的萝卜、番茄、黄瓜等,以及糖料作物中的甘蔗等。在土壤含氯量不高的地区,这类作物完全可以按常用量施用氯化铵和氯化钾。但像甘蔗等耐氯力中等偏下的作物,完全可以按其需钾量施用氯化钾,最好少用或不用氯化铵。

(3)耐氯弱的作物类型

只能适应在土壤氯浓度<300毫克/千克条件下正常生长的作物,如甘薯、烤烟、莴苣、白菜、草莓、葡萄、苹果幼树、茶树、马铃薯、甜菜、柑橘、甘蔗、辣椒、莴笋、苋菜、西瓜等。氯对茄科作物会产生不利影响。桃树为忌氯作物,大豆、四季豆耐氯性较弱。这类作物一般不宜施用氯化铵。但在土壤含氯量<50毫克/千克的地区,甘薯等作物可以按其钾素需要施用氯化钾。莴苣是对氯最敏感、耐氯力最弱的作物,其耐氯临界值仅100~140毫克/千克,因此不宜施用含氯化肥。

3.高温季节给蔬菜浇水要注意什么?

在高温天气下蔬菜一定不能缺水,要始终保持土壤湿润。但高温天气浇水一定要注意以下方面。

(1)不能在中午高温时浇水,应在早晚浇水。

(2)要小水勤浇,不能大水漫灌。

(3)灌溉水水温低的(如井水、雪水等)要在地温下降后,比较凉爽的时候,也就是在清晨浇水比较好。

4.什么是穴盘育苗"带帽"?

所谓菜苗的"带帽"出土,是指幼苗出土后种皮不脱落,夹住子叶,这种现象称为"带帽"或"顶壳"。"带帽"后,子叶不能顺利展开,妨碍了光合作用,造成幼苗营养不良。

(1)幼苗"带帽"主要原因

①种子成熟度不好,陈旧,不饱满,种苗的活力弱等,降低了种子的生命力,出土时无力脱壳;

②播种时灌水不足或覆土过薄,种子尚未出苗,表土已干,使种皮干燥发硬,往往不能顺利脱落;

③播种太浅或覆土太薄,造成土壤挤压力不够;

④苗床土温偏低,出苗时间延长;

⑤出苗后过早揭掉覆盖物或在晴天揭膜,致使种皮在脱落前已经变干,均能引起"带帽"出土。

(2)如何预防幼苗"带帽"现象

苗场的防治措施,精细整床,苗床土要细、松、平整,播种前要浇足底水。不能播干种子,要进行浸种处理。覆土要用潮土,厚度要适宜,薄厚均匀一致。加盖薄膜保湿,使种子从发芽到出苗期间保持湿润状态。幼苗刚出土时,如果床土过干要立即用喷壶喷水,发现有覆土太浅的要补撒一层湿润细土；一旦发现"带帽"苗要立即人工摘除。

5.夏季如何对育苗土进行消毒？育苗时怎样防高温？

春夏季育苗外界温度较高时可用高温消毒法对育苗土进行消毒。将配制好的营养土平铺于地面8~10厘米厚，浇透水后用塑料膜严密覆盖，在日光下暴晒5天以上，使膜下温度达到50~60℃，这样既可以杀菌又可以杀虫，还起到良好的消毒作用，不仅节约了农药钱，更为重要的是，减少了农药污染。因此在温度能够达到的情况下应尽量选用高温消毒法。

夏季育苗温度高，遮阴降温是关键，一般都采用覆盖遮阳网或其他遮阳物（草帘、纤维袋等）同时加大放风办法。另外可用麦草覆盖法。先将麦草用水打湿，以湿透但不滴水为宜，然后均匀盖在苗床上，以后每天根据具体情况，向麦草上洒水，保持麦草湿润，但不让水流到苗床上，待苗出齐后去掉麦草即可。

6.蔬菜育苗用基质好还是自己配制营养土好？

营养土是为了满足幼苗生长发育而专门配制的含有多种矿质营养，能够疏松通气，保水保肥能力强，无病虫害的床土。营养土一般由肥沃的大田土、腐殖质与腐熟厩肥混合配制而成。基质一般是经过发酵的农林废弃物与泥炭、珍珠岩、蛭石等轻体矿物质组成的混合物，基质其实也是营养土。

根据在实践中的应用，专家认为基质和自己配制的营养土各有特点，使用者应根据不同育苗方式和所育蔬菜苗的品种而进行选择。

（1）基质一般都很疏松，呈中性或弱酸性，而且比重较轻，适合营养钵和穴盘育苗。

（2）西瓜、甜瓜、黄瓜等瓜类蔬菜以及辣椒等怕伤根，不耐移栽的蔬菜最好选用基质育苗。

（3）采用苗床育苗可选用自己配制的营养土。尤其是甘蓝、菜花、西蓝花等露地蔬菜育苗自行配制营养土比较好。

（4）选用的基质如果质量不过关，有时会带病虫害，就地配制的营养土可以避免有些病虫害的远距离传播。

7. 为什么超量下种，但还是出苗不全？

我们这里种庄稼，用种量都很大，小麦亩下种20~25千克，胡麻7~9千克，是别的地方播量的两倍，但有些年份还是出苗不全，苗量过稀。

经详细了解，种植户是用二胺5千克、尿素或硝铵5千克做种肥，与种子混播，这是造成上述问题的根本原因。因这些肥料对种子有毒，受毒害的种子不出苗，所以超量下种也不能保证全苗。至于有些年份出苗过稀，是因为低温时肥料的毒害更重，种子死得更多，所以出苗更稀。

预防这种情况发生的办法是选用合适的种肥。目前，可直接与种子混播的肥料只有普钙、重过磷酸钙，其他肥料都不能做种肥。

如果以尿素等铵态氮做基肥，施肥必须提前至少40~50天（以施肥后灌水开始计）。对春播作物，施肥最好提前至秋季。

8. 如何用黄瓜卷须判断黄瓜生长状况？

观察黄瓜卷须，从心叶向下数第3~5片展开叶附近卷须粗大，与茎呈45度伸展，卷须又长又软，呈淡绿色；当用拇指和中指捏住，用食指弹时感到有弹性；口嚼有甜味，与黄瓜味道基本一致，则属于健康状态。如果出现以下现象则属于非正常状态。

（1）卷须下垂

卷须下垂呈弧形或打卷，折时有弹性，说明缺水不缺肥。

（2）卷须直立

卷须直立与茎的夹角小于45度，说明浇水频繁，水量大，土壤含水量过高。

（3）卷须细小

卷须细而短，有的卷须先端卷起，说明植株营养不良，甚至植株老化，应及时补充水肥。

(4)卷须尖发黄

卷须细、短、硬,无弹性,先端呈卷曲状,用手不易折断,先端呈黄色,表明植株将要发病。将出现衰弱趋势,抗病能力下降。此时应注意观察和预防黄瓜病害的发生。

在生产中还有许多判断黄瓜健康状况的方法。应用时还要根据水、肥、气、热、光等各个因素仔细查看,综合分析,准确判断,以便更好地为生产服务,以上办法仅供农民朋友参考。

9.温室11月份定植的黄瓜长势不好,该怎么办?

(1)长势不好的原因

主要是黄瓜嫁接育苗的时间太晚,棚室温度低导致幼苗生长不良。在甘肃黄瓜嫁接苗育苗的时间应在9月中下旬至10月初,10月底定植完毕,在低温到来时缓苗结束,根系已扎稳。

(2)解决办法

当季棚内温度中午可以上升到35℃以上,就可以选择晴天上午浇一次透水,然后连续3天,每天中午温度上升到35~40℃再放风20~30分钟。如果温度达不到就维持黄瓜苗成活,适时适量灌水,但不再追肥,待立春后温度回升,加强肥水管理,可迅速恢复生长。

10.日光温室冬季黄瓜嫁接的注意事项和嫁接后嫁接苗怎样管理?

黄瓜嫁接苗管理的重点是为嫁接苗创造适宜的温度、湿度、光照及通气条件,加速接口的愈合和嫁接幼苗的生长。

(1)总体要求

①保温。嫁接苗伤口愈合的适宜温度为25℃左右,接口在低温条件下愈合很慢,影响成活率。

②保湿。如果嫁接苗床的空气相对湿度比较低,接穗易失水引起萎蔫,会严重影响嫁接苗成活率。嫁接后3~5天内,小拱棚内空气相对湿度控制在85%~100%。

③遮光。在棚外覆盖遮阳网,避免阳光直接照射秧苗而引起接穗萎蔫,夜间还能起保温作用。

④通风。嫁接后3~5天,嫁接苗开始生长时可开始通风。起初通风口要小,以后逐渐增大。

⑤接穗断根。靠接法嫁接的黄瓜苗,在嫁接苗栽植10天后,就可以给接穗断根。

(2)具体管理

①嫁接后1~3天的管理。此期是愈伤组织形成的时期,必须保证小棚内湿度达到100%,小棚膜内应挂满小水珠,室内雾气以看不见嫁接苗为准。白天温度要保持25℃左右,不得超过27℃,夜间温度应保持在18~20℃,不要低于15℃,光照强度在5000勒克斯左右。根据室内温度大小,每天对黄瓜接穗喷雾1~2次,每天喷雾中有一次是喷75%的百菌清农药500倍液,以预防霜霉病等病菌传染,防止南瓜子叶霉烂。

②嫁接后4~6天的管理。此期大体是假导管形成期,小棚内的湿度应降低到95%左右,白天温度仍保持在25℃左右,夜间可降到16~18℃,光照强度应适当高些,10 000勒克斯左右,为此在拉苫后和盖苫前小拱棚顶缝要开3~6厘米小缝,通风1小时左右,如果小棚内温度超过30℃,应继续回苫,但时间可以短些。

③嫁接后7~10天的管理。此期是真导管形成期,小棚内湿度应降到90%左右,湿度过大,不仅南瓜子叶容易感染烂叶,而且黄瓜接穗容易长出许多不定根影响成活,或者造成接穗徒长。因此,小棚膜要整天开3~6厘米的小缝,通风降温,一般不再回苫。正常条件下,接穗可长出1~2厘米、有光泽、淡绿色的真叶,标志着接穗已与砧木完全愈合,此时断根,并及时将已经成活的嫁接苗移出拱棚,凡是真叶生长不足1厘米,或者真叶长到1厘米以上而叶色呈暗绿色的,应在小棚内多待几天,等达到上述标准时,再移出小拱棚,切不可操之过急。

④嫁接后10~15天的管理。移出小棚后的嫁接苗,经2~3天适应,接穗第一片真叶已长到3厘米左右时,应按自根苗一样管理,以促进嫁接花芽分化,育成健壮的嫁接苗。

11.在高温时节,温室黄瓜结瓜不好,怎样管理才能改善?

高温时节,温室温度高,尤其夜温太高,昼夜温差小,植物呼吸活动频繁,造成营养消耗太大,结瓜少。其他原因如,病虫害等也容易造成黄瓜结得不好。

(1)一般白天保持在25~28℃,阴天或半阴天温度还要适当下调,夜间棚温保持在12~16℃,促进光合产物的运转。

(2)控制水分,尽量少浇水。

(3)少施尿素等促进叶面生长的肥料,适当施一些促进果实发育的钾肥、钙肥。

(4)防治病虫害,尤其这个阶段霜霉病、细菌性角斑病比较容易发生,所以要有针对性地预防这些病害。

12.日光温室黄瓜如何施肥?

(1)定植前施足底肥

越冬一大茬长期栽培必须施足底肥,一般每亩用发酵腐熟好的优质有机肥3000~4000千克,过磷酸钙75~100千克,硫酸钾20~30千克。施底肥方法:底肥采取地面普施与开沟集中施用相结合的方法,首先用2/3的底肥普施地面,人工深翻两遍,而后耧平,接着按种植行距开南北向的沟,把剩余底肥撒入沟内和沟沿,沟内也要翻倒两遍,把粪与土充分搅匀。

(2)少量多次追肥

一般在第一次采瓜后开始追肥,此次追肥应以复合肥或磷酸二铵为主,每株施肥100~120克。结瓜初期的黄瓜根系尚比较浅,分布范围也还小,应在植株旁挖穴施肥,也可结合浇水进行冲施肥,不过冲施肥要适当加大施肥量。追肥时,在每株苗旁插一浅洞,施肥后平洞。此期如果地里苗子大小差异比较明显,还要对小苗追一遍"偏心肥",也即在小苗旁边插洞追施一次尿素或硫酸铵,施肥后向洞内少量浇水。

以后根据黄瓜长势每10天左右追一次肥为宜。追肥要求化肥和有机肥交替施肥,化肥冲施入垄沟内,有机肥可冲施浸泡液,也可在垄底揭开地膜开沟施肥。

13. 种植秋菜花要注意哪些问题,播种晚了怎么办?

(1)适时播种

在西北地区秋菜花的播种适宜时期为6月底至7月中旬。

(2)品种选择

秋播菜花宜选择中早熟品种,一般定植后65~75天成熟的品种。

(3)合理施肥

选择疏松、肥沃的土壤,施足基肥,进入莲座期后一定要注意钾肥的施入,不能只施氮肥,氮肥过多会使植株贪青晚熟。

(4)增温促长

因播种晚而到10月中旬还未成熟,不能收获,而外界温度已较低,生长受到影响时,有条件的,可采取覆膜的办法在菜花植株上直接覆盖棚膜提高温度促其生长,10~15天就可采收(如果面积大,又缺少棚膜这个办法就不太适用)。

14. 哪种菜花种子能在高温时节种植?

无论哪种菜花种子都不能在高温天气下种植,必须选择适宜当地气候条件的品种种植。

(1)选择好品种

春季宜用中、晚熟品种,秋季宜用早、中熟品种。

(2)适期播种和定植

春菜花应于12月下旬温室或阳畦育苗,3月上中旬保护地定植;露地栽培在3月下旬至4月上旬定植,不宜过早或过晚,秋菜花更应严格播种期,一般于6月下旬至7月初播种,7月下旬至8月上旬定植,9月底至10月底采收完毕。

(3)菜花对适宜温度的要求

菜花喜冷凉气候,幼苗出土适温。白天土温保持在18~20℃,气温30℃左右,夜温10~15℃;幼苗出土后适温:白天气温8~10℃,夜温6~8℃;子叶展开后适温:白天温度13~15℃,夜温10~12℃,土温控制在10℃左右。菜花定植后缓苗期适温:白天15~20℃,夜间8~10℃;生长期适温:白天掌握不超过25℃,夜间不低于8℃。

15.什么是裸仁南瓜?

裸仁南瓜,也叫无壳南瓜。因为其种子的外壳已退化成了一层薄薄的膜,使其种仁完全裸露,故命名为裸仁南瓜。裸仁南瓜是中国南瓜和美洲南瓜的变种。

16.怎样种植蒜黄?

蒜黄就是在隔绝日光的照射并在适当的温湿度条件下培育出来的黄色蒜苗。

(1)播前准备

①品种选择。蒜黄的产值较高,应选用大瓣品种,以求发芽快,生长粗壮,产量高。

②选种时剔除冻、烂、伤、弱的蒜瓣。

③栽培场地。蒜黄主要在冬春低温季节栽培,凡是有一定温度条件的场所均可进行。多采用塑料大棚、小拱棚、风障畦、空室、菜窖或在有流水的河滩地、泉水地旁进行。

④在保护地内挖30~40厘米深的栽培床,床宽12~15米。在室内可用砖砌成0.5~0.6米的长方形栽培池。在河滩或泉水边,可挖成1~1.5米深的栽培地。栽培蒜黄可用细沙或沙壤土。在栽培床内铺沙或土3~6厘米,摊平。

(2) 播种

①播种时间。蒜黄可在10月上旬到翌年3月下旬连续不断地播种和收获。从种到收获,在适温条件下20~25天。可根据上市期确定播种期。

②播种方法。播种前,把选出的蒜头用清水浸泡24小时,使之吸足水分后去掉蒜盘踵部,一个挨一个地把蒜头紧紧排在栽培池内,尽量不留空隙。一般每平方米采用蒜种10~20千克。播后上面覆盖细沙3~4厘米,用木板拍实压平,再浇足水。水渗透后,再覆一层1~2厘米细沙。

(3) 田间管理

①遮阴。蒜芽大部分出土时,栽培床上草苫子遮光,亦可盖黑色塑料薄膜遮光,以软化蒜叶,保证蒜黄的质量。盖帘还有保护栽培床温度和湿度的作用。

②温度管理。播种后至出土前,利用保护地的覆盖措施尽量提高栽培床温度,白天保持25~28℃,夜温不能低于18~20℃,如有条件,夜温略高于日温更好。出苗后至苗高10厘米时,为使苗粗壮,白天可降低温度至20~25℃,夜温16~18℃。苗高20~25厘米时,通风量还应加大。白天保持18~20℃,夜温14~16℃,以促进蒜苗粗壮,高产,改善品质。收获前4~5天,尽量加大通风,白天保持10~15℃,夜间10~15℃,防止秧苗徒长倒伏。

③水分管理。蒜黄栽培中,水应充足,一定要淹没蒜瓣。以后每2~4天浇1次水,保持栽培床经常湿润。水分管理要根据保护地内的温度和秧苗时期确定,温度高,蒸发量大,秧苗大时,勤浇,浇水量应大,反之应小些。收割前2~3天应浇水,以保持蒜苗细嫩。

④通风。栽培床内有时会积聚大量二氧化碳或保护地加温时释放出一氧化碳等有害气体。在中午温度高时,应放风换气。出于保温需要,一般不必过多通风。

(4) 收获

蒜黄高25~30厘米时,即可收割。从播种至收获20~25天。收割时刀要快,下刀不宜过深,以贴地皮割下为宜,不可割伤蒜瓣。割后不要立即浇水,防止刀口感染,3~4天后浇水,促进第二茬生长。过20天后可收第二刀。收第三刀时连瓣拔起。第一刀,每千克蒜种可产蒜黄0.7~0.8千克,第二刀0.4~0.5千克。收割后的蒜黄要扎成捆,放在阳光下晒一下,使蒜叶由黄白色转变为金黄色,称"晒黄"。晒的时间不要太长,并注意防冻。

17. 种植的娃娃菜现已进入莲座期,不知是什么原因出现了多头苗、无头苗?

(1) 品种选择不当

目前市场上品种较多,新的品种一定要在当地试种1~2年才可以推广种植。

(2) 高温干旱

8月底已进入莲座期的娃娃菜,应该是在6~7月份播种的,苗期和莲座期都在高温季节,如果灌水不及时,就会导致整个植株缺水、缺乏营养,使得叶芽分化受阻,生长点生长停止,造成无头苗。同时,由于顶芽停止生长,顶端优势消失,因此,下部叶腋间的叶芽就开始萌发,形成多头现象。

(3) 虫害

菜螟、蓟马等害虫为害生长点,导致无头、多头现象。无头、多头苗都已不能再长成正常的商品菜,可以拔除或放弃管理。

18. 娃娃菜怎样追肥、浇水?

(1) 追肥

追肥应穴施或沟施,追肥后及时灌水,禁止将肥料撒施于地表上。幼苗期一般在定苗后施少量速效性氮肥作为提苗肥。每亩可施尿素5~10千克,穴施或沟施,施后及时灌水;莲座期需要较多的肥料,此期追肥的数量与质量对今后产量的高低有重要影响。每亩施三元复合肥25千克或尿素15~20千克、钾肥5千克;结球期是需要肥料最多的时期,一般在开始结球期每亩施三元复合肥30千克或尿素10~15千克、钾肥(硫酸钾)10千克,施后灌水,结球中、后期不再追肥。

(2)浇水

苗期轻浇勤灌保湿润;莲座前期适当控水蹲苗5~7天,蹲苗结束后结合追肥灌透水,防止干旱;结球期是需水量最多的时期,多浇勤浇,浇水应在早晚冷凉时进行,要缓慢灌入,切忌水漫垄上。做到垄上不积水,根系不缺水。从莲座期结束至结球中期,保持土壤湿润是获取娃娃菜丰产的关键技术之一。采收前5~7天停止浇水,否则菜中含水量高,不耐贮藏。

19.露地种植的西红柿长不大也不红,是什么原因?怎么办?

(1)品种问题

有的品种坐果率很高,每个果穗能坐7~8个,如果不疏果,就都长不大,每个果穗疏果后,只留4~5个果就可以长大。

有的品种是无限生长型,这种品种在露地种植,一般只留4~5薹果,在最后一薹果的后面留3~4片叶然后摘心(摘除生长点)。如果不进行摘心任其生长,坐果薹数多,果实就不易长大,而且转红比较慢。

(2)整枝打杈

西红柿要进行整枝打杈、吊蔓、摘除老叶,如果不整枝,枝叶郁蔽、通透不良,营养生长和生殖生长失衡,果实就长不大,着色困难。

(3)种植密度

一般露地种植株行距为45厘米×50厘米,密度大相互遮蔽,果实生长受阻。

(4)肥水管理

进入结果期后要以钾肥为主,同时辅助施一些镁肥,少施或不施氮、磷肥。结果期需水量也比较大,所以要有充足的水分。

20.怎样种植的西红柿比较甜？

西红柿甜不甜是由综合因素决定的，主要有以下几点。

（1）品种

品种不同风味不同，有的品种偏酸、有的偏甜、有的风味淡、有的风味浓，种植前应选择好品种。

（2）光照

日照充足，光照强度高，光合产物就多，营养丰富，西红柿就甜。

（3）昼夜温差

昼夜温差应该在12~15℃，甚至更大，有利于营养物质的积累。同时温度也要保持在适宜西红柿生长的范围内，才能制造充足的光合产物。

（4）肥料

以有机肥为主，每亩应施入土杂粪肥5000千克左右，特别是还要有优质的农家肥，如油渣、豆粕，一般不少于150千克/亩，也可以适当配合施用化肥，但一定要氮、磷、钾肥合理搭配不可偏施，有条件的还可以适量补充一些钙、镁肥。

21.结球生菜不结球是什么原因？

生菜不结球归结起来主要有以下几点原因。

（1）品种原因

选用结球性好适宜当地栽培的品种，如果结球期温度较高，就应选择耐热品种。

（2）用肥不足

如果对生菜需肥量把握不准，施肥比较单一，磷、钾、钙肥欠缺，就容易造成结球困难。

（3）温度管理不当

结球生菜生长适温为15~20℃，结球适温为10~16℃，温度超过25℃不但不利于结球,还会因温度过高引起心叶坏死或腐烂。

(4)湿度管理不当

在保护地种植结球生菜时,一些菜农担心浇水后会影响地温和产量,多数浇水不足。结球生菜生长盛期需水量最大,叶球形成后则须控制浇水。

(5)病虫害影响

保护地种植的结球生菜比露地种植的生菜病虫害发生重,这都可能影响生菜的正常结球。

以上问题的解决办法主要包括:在高温期选用遮阳网或其他遮阴物进行遮阴降温,同时及时浇水,小水勤浇,避免干旱,注意多施有机肥,同时注意磷、钾、钙平衡施肥,不偏施氮肥等。

22.西葫芦叶子特别大,长势很旺,可下瓜比较慢,该怎么办?

西葫芦叶大,瓜生长慢,主要是生理障碍造成的。首先,基肥中偏施了氮肥,促使西葫芦生长过旺,叶片面积增大,荫蔽严重;其次,棚膜打扫不干净或棚膜质量不好,透光率低,造成棚内光照弱;最后,大棚内温度过低或过高,水分不足或者湿度过大。这样的环境,都会使花粉和花柱的生命活力受到较大抑制。应采取以下几方面的措施进行防治。

(1)在保证温度的前提下,尽量早揭帘晚盖帘,清洁棚膜,增加光照。

(2)进入结果期后要少施氮肥,增施钾肥,每亩每次可追施硫酸钾或硝酸钾10~15千克。也可以叶面喷施0.2%~0.3%的磷酸二氢钾溶液,一般每隔10天左右喷1次。

(3)人工授粉和药剂蘸花相结合,每天上午9~10时正值雄花开放高峰期,摘取雄花,去其花冠,将花药轻轻涂在雌蕊的柱头上,一朵雄花可授3朵雌花。同时将40~50毫克/升的番茄灵用毛笔蘸液涂于花梗部或花冠底部,但一定要防止药液溅洒在茎叶上。

(4)将生长过旺的叶子的叶柄折一下,不折断,但使部分输导组织受到破坏,从而抑制叶片生长。

(5)当坐果过密时可以疏掉部分幼果同时逐渐摘除底部老叶、病叶,疏除残花。

(6)适当加大株行距,对植株长势较旺的品种,在定植时,要将株距加大至60~80厘米,行距80~100厘米,以便扩大营养面积,增加光照。

23.露地种植笋子应在什么时间播种?怎样选择品种?

莴笋因适应性较强,栽培季节也较广,一般在2月下旬至7月上旬均有播种,但主要是以春秋两季为主。早春育苗应在保护设施下进行,夏秋在露地育苗要有防虫、遮阴、防雨设施。有条件的地方最好采用遮阳网。在甘肃大部分地区,秋茬莴笋应该在7月上中旬播种较为适宜,莴笋种子发芽的最低温为4℃,但需时较长,发芽的适宜温度为15~20℃,3~4天发芽,30℃以上发芽受阻,所以夏季播种时种子须进行低温处理,以促进种子内酶的活性及物质的转化。

莴笋幼苗期对温度的适应性较强。幼苗可耐-6~-5℃的低温,但成株的耐寒力减弱,茎部遇0℃以下低温会受冻。幼苗生长的适宜温度为12~20℃,当日平均温度达24℃左右时生长仍旺盛,但温度过高,特别是地表温度高达40℃时,幼苗茎部受灼伤而倒苗,所以秋莴笋育苗时应遮阴降温。茎、叶生长期适宜温度为11~18℃,在夜温较低(9~15℃)温差较大的情况下,可降低呼吸消耗,增加养分积累,有利于茎部肥大。如果日平均温度达24℃以上,夜温长时间在19℃以上时,呼吸强度大,消耗养分多,干物质向食用部分的分配率降低,并易引起未熟抽薹,所以莴笋一般只种春、秋两茬,避开夏季高温时节。

品种选择:要根据销售市场的需求选择适销对路的品种,现在中东部及沿海地区一般喜欢笋肉为碧绿色的"红叶香笋""青笋"等,传统栽培的叶肉发白的品种外销较困难,如果是在当地销售,可选此品种,否则尽量不选。另外目前市场上品种很多,所选新品种一定要经过试种,适合当地环境条件,不可盲目选购。

24.雨后种的莴笋没出苗,是什么原因?

雨后种植的莴笋,是由于雨过天晴地温迅速上升,水分快速蒸发,地温条件不利于种子发芽,因此出苗率下降。

莴笋是冷凉型蔬菜,夏秋高温季播种一定要注意降温(尤其是土壤温度)。

25.莴笋空心是什么原因?

造成莴笋空心的原因大致有以下几点。

(1)在生长过程中干旱缺水。

(2)在食用茎膨大期间遇强冷空气,使根系活力减弱,吸水、吸肥能力下降。

(3)不合理地使用了促生长的植物激素。

(4)采收过迟,茎部养分消耗过多。

莴笋进入茎部肥大期,需要充足的氮肥和水分,但也要配合适量的钾肥,才能促进嫩茎迅速肥大,在茎部肥大后期,特别是接近采收期,因浇水过多或连降大雨,茎的基部往往出现纵向裂口,所以一定要均匀浇水,不能忽干忽湿,同时要有良好的排水条件。

26.冬季大棚韭菜管理技术要点有哪些?

(1)温度管理

棚室密闭后,保持白天20~24℃,夜间12~14℃。株高长到10厘米以上时,白天保持16~20℃,棚内温度超过24℃要放风降湿。冬季小拱棚栽培应加强保温,夜间保持在6℃以上。

(2)肥水管理

定植后,当新根新叶出现时,即可追肥浇水,每亩随水追施尿素10~15千克,幼苗4叶期,要控水防徒长,并加强中耕、除草。当长到6叶期开始分蘖时,出现跳根现象(分蘖的根状茎在原根状茎的上部),这时可以进行盖沙、压土或扶垄培土,以免根系露出土面。当苗高20厘米时,停止追肥浇水,以备收割。开始收割后每收割1次,追一次肥,收割后株高长至10厘米时,结合培土,施速效氮肥,每亩追施尿素8千克。天气转凉,应停止浇水,封冻前浇一次封冻水。

(3)病虫害防治

①防治原则。按照"预防为主,综合防治"的方针,坚持以"农业防治、物理防治、生物防治为主,化学防治为辅"的无害化防治原则。农药不得施用国家明令禁止的高毒、高残留、高"三致"(致畸、致癌、致突变)农药及其混配农药。

②农业防治。加强中耕除草,清洁田园,加强肥水管理,提高抗逆能力。

③物理防治。利用糖酒醋液诱杀成虫,将糖、酒、醋、水、90%敌百虫晶体按3∶3∶1∶10∶0.5的比例制作溶液,每亩1~3盒,随时添加,保持不干,诱杀各种蝇类害虫。

(4)药剂防治

①韭蛆。a.地面施药:成虫盛发期,顺垄撒施2.5%敌百虫粉剂,每亩撒施2~2.6千克,或在上午9~11时喷洒40%辛硫磷乳油1000倍液或2.5%溴氰菊酯乳油200倍液,也可在浇水促使害虫上行后喷75%灭蝇胺,每亩6~10克。b.灌根:幼蝇危害始盛期(早春在4月上中旬、晚秋在10月上中旬)进行药剂灌根防治。每亩用1.1%苦参碱粉剂2~4千克,兑水1000~2000千克,或用50%辛硫磷乳油500倍液,灌根1次。灌根方法:扒开韭菜根茎附近表土,用去掉喷头的喷雾器对准韭菜根部喷药即可,喷后随即覆土。

②潜叶蝇。在产卵盛期至幼虫孵化初期,喷75%灭蝇胺5000~7000倍液或2.5%溴氰菊酯,或其他菊酯类农药1500~2000倍液喷雾。

③蓟马。在幼虫发生盛期,喷50%辛硫磷乳油1000倍液或10%吡虫啉4000倍液或30%啶虫脒3000倍液或2.5%溴氰菊酯类农药1500~2000倍液。

④灰霉病。a.烟熏法:用45%百菌清或扑海因烟剂,每亩110克或10%腐霉利烟剂260~300克,分放5~6处,于傍晚点燃,关闭棚室熏一夜。b.粉尘法:用6.5%万霉灵粉尘剂,每亩1千克,7天喷1次。连喷2次。

⑤疫病。a.粉尘法:同灰霉病。b.发病初期喷施25%甲霜灵可湿性粉剂750倍液或50%甲霜铜可湿性粉剂600倍液或72%霜脲锰锌可湿性粉剂、60%琥乙磷铝可湿性粉剂600倍液灌根或喷雾,10天喷(灌)1次,交替使用2~3次。

⑥锈病。发病初期用15%粉锈宁可湿性粉剂1000~1500倍液或25%敌力脱乳油3000倍液,10天左右1次,连喷2次,也可用烯唑醇、三唑醇等防治。

(5)适时收割

定植当年着重"养根壮秧"不收割,如有韭菜花要及时摘除。当韭菜长到25厘米左右时即可收割。选晴天的早晨收割,收割时刀距地面2~4厘米,以割口呈黄色为宜,割口应整齐一致,一般每20~25天收割一茬。在收割过程中所用工具要清洁、卫生、无污染。

27.种植芽苗菜需要注意哪些方面?

芽苗菜是利用植物种子或营养贮藏器官在黑暗或光照条件下直接生长出的可供食用的嫩芽、芽苗、芽球、幼梢,或幼茎。芽苗菜具有速生洁净、营养丰富、优质保健、投资成本低、见效快,便于实现工厂化生产等优点。

种植芽苗菜需要注意以下几个方面。

(1)芽苗菜类型

北方常见的芽苗菜是利用种子贮藏的养分直接培育出的幼苗菜,如:黄豆芽、蚕豆芽、香椿芽、花生芽、萝卜芽、龙须豌豆芽、绿豆芽等。

(2)芽苗菜栽培设施

①栽培室的选择。冬季、早春及晚秋可利用塑料大棚、温室等设施,还可利用厂房或闲置房屋。当平均气温大于18℃时,可露地生产,需用遮阳网遮阴。

②环境条件及设备。a.温度:催芽室温度保持在20~25℃,相对湿度90%左右;栽培室温度白天20℃以上,夜晚不低于16℃,避免出现较大温差变化。栽培室相对湿度控制在85%左右。注意室内适当通风换气,以保持适宜的温度和清新空气。b.光照条件:催芽室应保持黑暗或弱光状态,在夏秋强光条件下栽培室应具有遮光设施。以房屋为生产室者,要求坐北朝南,东西延长(南北宽应小于20米),四周采光,窗户面积占周墙的30%以上。冬季弱光季节近南墙采光区光照强度不低于5000勒克斯,近北窗采光区不低于1000勒克斯,中部区不低于200勒克斯。c.水源:具有自来水、贮藏罐或备用水箱等。地面要防水防漏,并设排水系统。d.栽培架:立体栽培共4~6层,第一层离地面不小于10厘米,层间距40~50厘米,每两架并放为一行,行间距50~80厘米,以便于操作。e.栽培容器:用蔬菜育苗盘,规格为60厘米×24厘米。f.栽培基质:选用洁净、质轻、无毒、吸水持水力强、使用后残留物易处理的材料,如:纸、白棉布、无纺布、珍珠岩、泡沫塑料片等。g.喷淋系统:背负式喷雾器即可。

28.芽苗菜栽培技术要点有哪些?

(1)棚室及生产工具消毒

棚室消毒常采用烟剂熏蒸,以降低棚内湿度。用22%敌敌畏烟剂500克/亩加45%百菌清烟剂250克/亩,暗火点燃后,熏蒸消毒或直接用硫黄粉闭棚熏蒸,也可在栽培前于棚室内撒生石灰消毒。注意消毒期间不宜进行芽苗菜生产。此外根据大棚面积大小,适当架设几盏消毒灯管,栽培前开灯照射30分钟,进行杀菌消毒。播种前将栽培容器进行清洗消毒,可在5%福尔马林溶液或3%石灰水溶液或0.1%漂白粉水溶液中浸泡15分钟,取出清洗干净。栽培基质应高温煮沸或强光曝晒以杀菌消毒。

(2)种子处理

精选籽粒均匀饱满、种皮厚、发芽率高、无破损的种子,翻晒1~2天。用55~60℃温水浸种10~15分钟,也可采用3%石灰水溶液浸种45~60分钟或0.1%漂白粉水溶液浸泡,搅拌10分钟后捞出,用清水淘洗2~3遍,清除种子表面黏液。

（3）栽培室管理

①浇水。整个生长期都要保持芽体湿润。生长前期每天淋水2~3次；生长中后期要增加浇水量，每天淋水3~4次。每次淋水量以基质湿透为度，不能使栽培盘底部有积水，以免造成烂苗。

②温度。生长适温20℃左右，12~30℃均可生长，一般控制在19~23℃。

③光照。幼苗在黑暗条件下，生长迅速且不易标准化。在采收前保持栽培室散射光状态，夏天要遮光。

④绿化。芽苗长4~5厘米时，揭去上面遮盖物，使其见光绿化。

（4）采收

要求芽苗绿色苗高10厘米左右，顶部叶展开，茎端8~10厘米尚未纤维化，一般销售长度8厘米，高温季节7~10天，低温季节10~20天即可1茬。

29.古浪县适宜种哪些马铃薯品种？

古浪县气候冷凉，无霜期140多天，有灌溉条件，适宜马铃薯种植。一般比较适宜种植中熟或中晚熟品种。如：半山或海拔较高地区宜种植中早熟品种陇薯3号、5号、蒙薯9号、克新1号、紫花白等（亩产1500~2500千克，最高单产4000千克），生育期均在100天左右；不保灌沟坝、台地宜种植中晚熟品种高原7号（生育期120天）、大西洋、台湾红皮（生育期115天，平均2500~3500千克/亩）以及陇薯和青薯系列等。

30.什么时间种马铃薯合适？

马铃薯4月上中旬可以播种，其适宜的播种温度为：当10厘米深的土壤温度稳定在7℃时，即可播种。马铃薯的播期除与温度有关外，还与当地的晚霜、块茎膨大期、种植品种及其种薯特性有关。

31. 明年种马铃薯,今年能否秋覆膜?

可以秋覆膜。秋覆膜主要是针对冬春季降水较少或无降水的干旱土地实施的一项覆膜技术,无论是秋覆膜或春季顶凌覆膜,目的都是保墒、提高地温。

但在覆膜时应注意:最好选择黑色地膜,有利于马铃薯块茎的生长发育和抑制杂草生长;在杂草多和病虫多的地里,在覆膜前喷洒除草剂、杀菌剂和杀虫剂;按规格起垄、整平地面,铺膜时要拉紧和贴紧地面,压好腰带土,封严膜边,以防大风揭膜;覆膜前要施足基肥,增加有机肥用量;严禁人畜践踏,以防损坏地膜。

32. 马铃薯顶凌覆膜大垄微沟栽培如何操作?

马铃薯顶凌覆膜大垄微沟栽培技术,主要是在地表土壤"昼消夜冻"的时期,用地头划行器沿"等高线"划线起垄,按幅宽120厘米、垄沟宽45厘米、垄面宽75厘米、垄高15厘米还要在大垄脊上开出宽10厘米、深5厘米的微沟,选用幅宽90厘米的黑色地膜覆盖垄面,垄沟不覆盖或用幅宽120厘米、膜厚度0.01毫米以上的黑色地膜覆盖垄面和垄沟。垄土力求细、薄、平,忌泥条、大块,起垄后使用整垄器整垄,使垄面平整、紧实、无坷垃,呈"M"形。覆膜要达到膜两边用土压严压实,每隔2~3米横压土腰带,可防大风揭膜并能拦截垄沟内降水径流。覆膜七天后在垄沟内打渗水孔,孔距50厘米,以利降水入渗。

33. 弓形棚冬播地膜马铃薯栽培技术具体如何操作?

(1)播前准备

①选地。选择土层深厚肥沃、有灌溉条件的沙壤土田块,前茬忌茄科作物,一般轮作要求在三年以上。

②整地。播前半个月浇水,待地稍干后深耕25~30厘米,清除地内杂草、石块等物,耙耱整平待播。

③施肥。亩施农家肥1500~2500千克、尿素15~20千克、普通过磷酸钙20~30千克、硫酸钾10~12千克,施肥量的2/3作基肥,均匀地施入土壤。1/3的尿素和硫酸钾可在苗高12厘米以上至现蕾期分3~5次进行叶面喷施。

④物资准备。准备好农膜、种子、搭小拱棚的竹子等生产物资,每亩准备4千克地膜、40千克棚膜、150千克种薯。

(2) 播种

①确定播期。弓形棚冬播地膜马铃薯一般在12月底至翌年1月上旬气温为-3~5℃,地温为3~3.5℃时播种。

②品种和种薯选择及处理。a.品种和种薯选择:选用芽眼深、无病虫害、休眠期短、中早熟的品种,选择薯形规则、表面光滑、无病害、无伤口的薯块作种薯。可选用的品种有LK99、克新1号、克新5号、克新6号、费乌瑞它等早熟、高产、抗病、优质的马铃薯品种。b.种薯处理:催芽,播前40~45天出窖,放入室内近阳光处或室外背风向阳处平铺2~3层,保持温度15~20℃,夜间注意防寒,3~5天翻动一次,使种薯均匀见光。在催芽过程中应淘汰病薯、烂薯。切种块,人工播种可切大种块,每块重35~45克,每块种块保持1~2个芽眼。切种过程中,淘汰病薯、烂薯,切刀用草木灰或5%的来苏尔进行消毒。拌种,薯块切口风干后,用稀土旱地宝进行拌种,也可用草木灰拌种,晒干后播种。

③播种覆膜。将行间熟土培在种行上起垄,垄高20厘米,垄底宽60厘米,垄面宽50厘米,垄间距40厘米。弓形棚冬播地膜马铃薯因其上市早,单株产量低,因此要靠增加种植密度来提高亩产量,亩保苗5000株以上。每垄种2行,行距33~39.6厘米,株距17厘米,穴深16.5厘米,每穴点1籽,点种后掩土,土不能掩满,要留5厘米的播种穴,以防止幼苗出土后与地膜接触而烧苗。点籽后,把地膜紧贴垄面铺平、拉展、拉匀。沿垄肩开沟把膜边埋紧压实,为防止大风揭膜,每隔3~5米打一条土腰带。

(3)田间管理

①放苗。弓形棚冬播地膜马铃薯田间管理最关键的一步是及时放苗,出苗后应在早晚及时放苗,防止烧苗。苗孔应尽可能小些,苗放出后用细潮土把苗孔封好。整个生育期,弓形棚温度要控制在15~25℃,过高要及时开棚调温。冬播马铃薯一般播后30~40天出苗,见苗后每两天于早晚各放苗一次并封好苗口。

②浇水与通风。苗齐后浇水一次,现蕾期进行第二次浇水,若墒情较好,第一次过水可不浇或推迟。待苗高10厘米以上,棚内温度达到25℃,开始通风炼苗,之后通风量逐渐增大,以免因高温灼伤幼苗,当外界温度稳定在12℃以上,便可揭棚。

③摘除花蕾、膜面覆土。马铃薯现蕾期,要及时摘除花蕾,以减少养分消耗,促进块茎生长。当马铃薯进入块茎膨大期时,应在垄间进行除草,同时进行膜面覆土,以降低膜下土壤温度,有利于马铃薯块茎膨大。

④田间管理注意事项。苗随出随放,防止烧苗;苗放出后不急于揭棚,防止冻害;若气温较高,可在上午10时后揭两端棚膜进行通风,下午6时前封闭,阴天可不揭膜;揭棚膜后半月内不浇水,墒情较差时浇过水,浇水高度不能超出垄高的2/3;苗高12厘米以上至现蕾期喷施钾肥3~5次。

(4)病虫害防治

①农业防治。一是选用抗病品种和无病种薯;二是用稀土旱地宝或草木灰拌种;三是及时拔除田间带病植株。

②病害防治。危害冬播马铃薯较重的有环腐病、早疫病、晚疫病及皱缩花叶病等。环腐病及皱缩花叶病可用800倍绿乳铜进行喷雾防治;晚疫病可用25%的瑞毒霉或甲霜灵800倍液喷雾,或40%的疫霉灵200倍液进行防治;早疫病可用75%百菌清可湿性粉剂600倍液或64%杀毒矾可湿性粉剂500倍液进行防治,病害严重时可拔除病株。

③虫害防治。冬播马铃薯虫害主要有地下害虫地老虎、蛴螬、金针虫及地上害虫马铃薯瓢虫等。对地下害虫,可在播种前整地时用辛硫磷、敌克松等提前预防;对地上害虫,可用氧化乐果、敌敌畏乳油等及时喷雾防治。

(5)适期采收

采收要注重一个"早"字,因为上市越早,价格越高。冬播马铃薯在4月中旬进入采收期,采收过早薯块尚未膨大,影响产量,过迟则市场价格下跌,影响收入。一般亩产2000千克左右。

34.适合陇南市武都区冬播种植的菜用型马铃薯品种有哪些?

适合陇南市武都区冬播种植的菜用型马铃薯品种有早熟和晚熟两个类型。早熟菜用型品种有LK99、克新1号、克新2号、克新6号、费乌瑞它等;晚熟菜用型品种有陇薯5号、陇薯7号、陇薯10号、陇薯11号、陇薯13号、大白花、新大坪、青薯168、青薯9号、富薯1号、甘农薯4号、甘农薯5号、农天1号、腾薯2号、宕薯5号、定薯2号、中薯21号、庆薯1号、临薯16号等。

35.黑色地膜膜上覆土马铃薯,什么时间覆土合适?覆多厚?

地膜马铃薯膜上覆土种植一定要在膜上覆土,这样可直接顶土出苗,达到苗齐、苗壮,保墒保温的效果,否则,要人工放苗还影响出苗质量。马铃薯从播种到出苗一般为30~40天,覆膜后地温相对较高,出苗可提前1~2周,马铃薯发芽出苗的最适温度为8~12℃,低于5℃时块茎不发芽,地温高于7℃时块茎开始发芽,所以覆土时间应在播后10~15天,覆土厚度为1.5~2厘米,膜上覆土要拍细、拍实、均匀。

36.选购马铃薯种薯时如何识别原种、一级种?种薯播种前应做哪些处理?

马铃薯种薯级别分为原原种、原种、一级种,大田生产上一般选择原种或一级种来种植。种薯级别越高,其繁殖代数越少,种薯质量也越好。

马铃薯原种和一级种用肉眼是无法区分、识别的,只能通过种薯包装袋上的标签来判断。按照相关规定,马铃薯种薯销售时必须要进行包装,且包装袋必须附有种子标签,标签上应标注种薯级别及相关的质量指标等信息。

种薯播种前要做如下处理:

(1)种薯挑选

将病薯、腐烂薯挑选出来扔弃,应选无病、表皮光滑而嫩薄、薯形正、芽眼明显的薯块做种薯。

(2)种薯切块

种薯切块时,为防止环腐病和青枯病借切刀传染,切刀应严格消毒,用75%酒精或0.1%的高锰酸钾溶液进行消毒,两把刀交替使用和消毒;每个薯块重量不应低于20克,其上应有1~2个芽眼;种薯切好后应放置在避光通风处1~2天,以利伤口愈合。

(3)药剂浸种或拌种

切块用稀土旱地宝100毫升兑水5千克浸种65~75千克,浸泡20分钟后,捞出放在阴凉处晾干即可播种,可以促进植株健康生长,增强抗旱能力,提高植株的抗病能力。另外也可以进行药剂拌种,用58%甲霜灵锰锌、72%克露、适乐时以种量的0.3%拌种或亩用250克富民一号拌种可有效降低马铃薯晚疫病的田间发病率,提高产量。拌药后的种块应晾干(一般为1天),待薯块切口木栓化后播种。

37.怎样种兰州百合?

(1)播前准备

①选地。兰州百合生产基地应选择在无污染和生态良好的地区,且海拔在1800~2000米,二阴地区,土层深厚,有机质含量高富含腐殖质的沙壤土。前茬以小麦、豆类为好,忌百合茬连作。

②选用优质种球。种球为圆形或长圆形,须根繁茂,鳞茎盘未受到伤害,无病虫害的独头小鳞茎。一般按种球重量分为三级。一级种球20~30克,二级种球12~20克,三级种球12克以下。

③整地施肥。前茬收获后要及时深耕晒垡,入秋后,进行打耱施肥收墒,大田深翻后,每亩施腐熟的有机肥5000千克,草木灰50千克,加施过磷酸钙20千克,磷酸二铵10千克,在种植沟内施种肥。每亩施充分腐熟的鸡粪、羊粪或油渣100~200千克,与土充分混合后再栽培百合。

(2)播种

①栽植时间。一般为10月下旬至11月上旬或翌年3月中旬。

②栽植密度。根据种球大小而定,一级种球行距40厘米,株距17~20厘米,每亩留苗8000~10 000株,用种球200~250千克;二级种球行距35厘米,株距15~16厘米,每亩留苗约12 000株,用种球约200千克;三级的种球,应采用密植培育,实行宽窄行种植,宽窄行种植即宽行间距30厘米,窄行间距为5厘米,每4个窄行为一个播幅,株距为5厘米,每亩可栽植约15万株种球,培育2~3年成为一、二级种球后,再进行定植。

③栽植深度。兰州百合栽植深度以覆土5~10厘米为宜,开沟深度15厘米左右。由于种球肉质根的支撑,种球位置处于8~13厘米深的土层中,种球深度覆土达5~10厘米的深度。

④栽植方法。栽植兰州百合种球,一定要扶正种球的位置,鳞茎顶朝上。

(3)田间管理

①追肥。百合为多年生作物,要注意养分的人工补充。一般在土壤开始解冻时撒施肥料,进行耙耱和浅中耕,使肥料与土壤混合,追肥可用腐熟的有机肥,每亩约3000千克,同时加少量的磷酸二铵、硫酸钾。

②中耕除草。栽植兰州百合,在第一和第二年要进行深中耕,第三年改为浅中耕,避免过多地损伤根系。中耕同时要结合锄草,每年锄草3~4次。

③摘除花蕾。为了及时中止兰州百合的生殖生长,减少因开花等生殖生长所消耗的养分,有利于地下鳞茎的膨大和贮藏物质的积累,要及时摘除花蕾。摘除花蕾宜在晴天进行,以利伤口愈合。

④冬季管理。在土壤封冻前,及时清理田间残存的茎秆和杂草。

38.黄豆开花期怎样施肥和浇水?

黄豆属于豆科作物,开花以前可以施氮肥。但是开花就表明根瘤已经形成,可以通过根瘤固氮,所以这个时期开始不用追施氮肥,可以追施一些磷钾肥,特别是钾肥,以促进果荚饱满。开花以后要适当浇水,以保证果荚膨大。但浇水量不能过大,要勤浇,小水浇灌,以防止植株过旺,影响果荚的膨大。

39.高温天气芹菜育苗过程中应注意哪些问题?

(1)注意控制催芽温度

夏季外界气温高,会导致芹菜催芽困难。若将催芽的温度控制在15~20℃,经10天左右,便可发芽。

(2)防止连作或土壤板结

连作或土壤板结往往由两方面原因引起,一方面是床土土质不好;另一方面是底水不足,腐殖质含量少。所以要选择土质疏松、肥沃,土壤有机质含量丰富的地块建苗床。

(3)避免过施氮肥

氮肥施用过多,会造成徒长苗,叶薄色淡,根系少。在温度过高时,秧苗的呼吸作用增强,消耗的养分多,易出现弱苗,造成死苗。

(4)注意遮阳防雨

夏季高温、强光、暴雨的环境不利于芹菜出苗,因此要遮阳防雨育苗。

(5)注意防治地下害虫

为防治蝼蛄等地下害虫,可将麸皮在锅里炒香,加入90%敌百虫粉拌匀做成毒饵,撒在苗床周围。

(6)加强苗期管理

播后苗床温度应控制在15~20℃,土壤相对湿度保持在85%左右,8~10天可齐苗。齐苗后先间去双株苗,10天后进行第二次间苗,苗距1~1.5

厘米,一个月后进行第三次间苗,苗距5厘米,间出的苗可另行按5厘米的株距移栽,栽后浇水,可节省种苗。

农作物栽培技术

重点在线 ZHONGDIANZAIXIAN

第3部分

食用菌栽培技术

1.菌棒接种后菌丝生长速度慢是什么原因?

根据问题,结合天气状况,把甘肃省栽培规模较大的平菇、香菇、金针菇、杏鲍菇、鸡腿菇等食用菌品种在接种后发菌慢的原因简单分析如下。

(1)发菌室温度不合适

发菌室的温度尽量维持在15~25℃,如果在夏季高温季节发菌,外界气温较高,需要通过遮阴、通风等措施降低发菌室的温度在25℃以下,否则很容易发生高温烧菌的情况。如果在冬季等低温季节发菌,则需要采取加温及保温措施。

(2)菌袋内的湿度不适合

培养料太干,出现的情况是菌丝较淡,发菌慢;培养料太湿,发过的菌丝会跟正常湿度的菌丝接近,但会出现发菌特别慢,甚至停滞不前的现象。解决的办法是拌好的料湿度掌握在60%~65%,不要太干也不要太湿。

(3)培养料pH不合适

一般来说,大部分品种堆好的料要求pH在5~7.5,酸性过高或碱性过高都不适宜菌丝正常生长。所以在拌好料后通过试纸条测一下酸碱度,如果过高或过低都要调整为7.5左右再装袋灭菌。

（4）培养室光线太强

光线太强会抑制菌丝的生长，应避免强光。因为前面所说的这些常见的栽培品种在黑暗的条件下菌丝生长良好，所以可以完全遮光培养。

（5）缺少氧气

绝大部分食用菌品种在发菌时都需要适量的氧气，如果发菌室2~3天不通风，会导致缺氧抑制菌丝生长，所以要每天通风1~2次，每次20分钟左右。

2.选择栽培食用菌的场地要注意哪些方面？

栽培地要远离化工厂、产生粉尘的企业、禽畜养殖场，具体来说不能靠近以下场所：水泥厂、铝厂、钢厂、垃圾场、粪便堆放场、猪牛羊鸡等各类养殖场。因为扬尘严重的场地会导致菇体不洁，达不到卫生标准；垃圾场、粪便堆放场、养殖场更是存在多种危害食用菌的霉菌和害虫，特别是存在难以控制的螨类危害，会大大增加食用菌的生产风险。

3.接完种后没有时间倒棒子，会不会影响产量？

倒棒子是专业俗语，另一种说法叫挑（翻）棒子。

发菌期间倒不倒棒子跟产量的高低没有直接的关系，也就不会影响产量。与食用菌产量高低有直接关系的是培养料（包括原料的种类、配方、消毒）；出菇期间的管理（包括温、湿度、通风、病虫害防治等）；菌种的优劣、不同的栽培方式、pH高低等因素。

在发菌期间，建议菇农一定要倒棒子，倒棒子的好处是能及早发现没有发菌的棒子，可以抓紧重新补种；第一时间发现被霉菌感染的棒子，被害虫幼虫侵染的棒子就可以及时挑取出来进行灭菌和杀虫处理；及时发现烧菌的棒子，可以及时降低菌棒摆放的高度，适当加强通风管理等。总之，通过倒棒子能及时发现问题并采取补救措施，可以减少病虫危害造成原料损失，提高发菌成功率。

建议在发菌期间每隔10天左右就要倒一次棒子。

4.蘑菇接种后菌丝发菌不好,是什么原因,怎样解决?

(1)发菌不好的主要原因

①原料霉变,含有大量杂菌。

②培养料含水量过高或过低。

③菌种老化,生活力很弱。

④发菌室温度不合适。

⑤培养料加入生石灰量过高,尤其是低温季节加入量过高,致使培养料pH过高。

⑥加入农药的浓度太高。

(2)解决办法

①使用新鲜无霉变的原料。

②拌料时料水比例掌握在1:(1.2~1.4),不能过干或过湿。

③要接种适龄菌种。

④发菌室温度掌握在22℃左右。

⑤在气温低的季节生石灰加入量要适当降低,如冬季掌握在1%左右。

⑥加入农药的浓度要合适,如加入50%多菌灵可湿性粉剂按每500千克干料加入350~500克即可。

5.窑洞反季节种蘑菇有哪些注意事项?

窑洞最大的特点是冬暖夏凉,温度稳定。在高温季节,窑洞内20℃的温度是适合大部分食用菌生长的。但同时也存在一些不利因素需要提前考虑到并找到解决和应对的办法。

(1)不利因素

①温差太小。大部分变温型菌类需要10℃左右的温差刺激,才能正常地出菇。一般的窑洞温度稳定,温差较小。

②通风差。大部分菌类正常生长需要大量氧气,窑洞内通风透气能力

差,不能满足菇类正常的生长需求。出菇时容易造成小菇死亡。

③光线太暗。大部分菌类出菇时都需要一定的散射光刺激,才能正常出菇且出菇整齐。窑洞内显然不能满足。

④自然条件差。主要指离市场较远,另外是有没有干净的水源。

(2)解决办法

①要想办法加大温差刺激,在菌丝长满菌棒后需要营养生长转化为生殖生长时,也就是在出菇前的一段时间需要夜晚时把门窗都打开,人为造成较大的昼夜温差。

②在窑洞内安装鼓风机、换气扇等通风设备,保证窑洞内的空气流动和与外部空气的交流,尤其是在子实体生长初期,能在窑洞内形成内外空气的交换和内部空气的对流。

③安装LED节能灯,一方面可作为照明用电,同时在子实体形成初期定时开启,诱导正常出菇。

④可以把采收到的蘑菇带到便利的长途汽车上运出山区,从而降低运输成本。

6.能否把发菌室和出菇棚摆放在同一个菇棚内?

按照理论要求来讲是不可以的,最好有专门的发菌室和出菇棚。

因为发菌室要创造适合菌丝快速生长的条件,所以发菌室要求干燥、遮光、通风条件好,保温性强。而出菇棚要求创造适合子实体形成并正常发育的条件,具体来说要有一定的散射光、温度能够高低调控、要喷水增湿(湿度要高)、能够进行通风换气。所以,如果直接用出菇棚发菌,会因为温度不稳定、湿度太高、光线太强等不利因素,导致发菌速度慢,特别容易使菌棒染上杂菌;反之,如果用发菌棚出菇,也会因为温差太小、湿度太低、光线太暗等不利因素,使菌棒不能正常出菇。

当然,如果条件不允许,要把发菌棚和出菇棚摆在一个棚中,一定需要用塑料、木板之类的材料隔开,分别创造适合各自要求的条件,如隔开的发菌室地面全部要用1~2层塑料隔开,菌棒上层要遮盖床单、报纸之类的材料,通过这些措施,争取把相互不利的影响降到最低。

7. 菌丝刚长满菌棒,想早点出菇,需要采取哪些管理措施?

平菇菌丝长满袋后过10天左右,经过适当的管理,就会进入出菇阶段。要想早出菇,出菇整齐,主要要做好以下几个方面的管理工作。

(1)温度调节

增大温差,刺激出菇。平菇是变温结实菌类,加大温差刺激有利于出菇。利用早晚气温加大通风量,降低温度,拉大日夜温差至10℃以上,以刺激出菇。白天大部分时间温度在20℃上下,夜晚最低温度控制在8℃左右。

(2)湿度调节

出菇场地每天喷水1~2次,使菇房空气相对湿度维持在85%~90%。

(3)适当通风换气

低温季节1天1次,每次30分钟,通常中午喷水后通风;气温高时,一天2次,每次20~30分钟,通风换气多在早、晚进行,切忌高湿不透气。

(4)给予一定的散射光照刺激

散射光可引诱早出菇,完全黑暗则不出菇;光照不足,出菇少,柄长,盖小,色淡,畸形。通常以维持菇棚内有"三分阳七分阴"的光照强度为宜,但不能有直射光,以免晒死菇体。

(5)不要急于打开袋口

等到8%以上的菌棒出现子实体时,再逐渐打开菌棒袋口,如果太早打开袋口,容易造成袋口感染或料面失水干燥反而推迟出菇。同时,还容易造成杂菌污染料面。

8. 食用菌栽培料中一定要加石膏和石灰吗?

石膏,也叫硫酸钙,加入量为培养料总量的0.5%左右。可补充食用菌生长所需要的硫、钙等营养元素,同时有稳定培养料pH的作用,使培养料酸碱度不发生大的变化。

石灰,用于食用菌生产的生石灰也叫氧化钙。加入量为培养料总量的2%左右,除为食用菌的菌丝生长补充钙外,还可以用来调节培养料的pH。此外,还具有防止杂菌污染、缓冲菌丝代谢过程中产生的有机酸的作用。

拌料时生石灰必须加入,石膏如有条件,建议最好加入。

9.怎样才能买到质量好的菌种?

同其他农作物的种子一样,优质菌种是确保食用菌栽培成功的前提和保证。一般来说,使用劣质菌种会出现适应性差,出菇不正常,抗性低,病虫害发生普遍等情况,导致产量和质量都不能得到有效保证,使栽培者遭受比较大的损失。

要确保买到质量好的菌种,应注意以下几个方面。

(1)到有资质,信誉好的企业购买菌种

正规的菌种生产企业必须符合农业部2015年4月29日修订的《食用菌菌种管理办法》的各项规定。

(2)要详细和制种者交流,询问品种特性

具体询问品种的适应性、转化率、抗病性、接种时间、栽培时注意事项。要选择适应本地生产,转化率高,抗病性强,接种时间在40天左右,也就是菌丝长满菌袋一周左右的菌龄比较好。

(3)详细观察

一要看长相活力。看菌丝是否粗壮,旺盛,是不是有活力。二要看是否有杂菌污染。一般来说,污染分真菌感染和细菌感染两种。真菌感染一般会造成培养基正常的颜色变为绿、黑、褐、灰、红等颜色。细菌感染一般分散在料内,容易导致培养基的腐烂变质。三要看是否老化。老化菌种的特征是菌丝干瘪,菌体干缩,甚至与瓶(袋)壁分离,还可能有黄水。四要看是否有虫害。这里的虫害主要指螨害。小螨虫会缓慢在菌种表面移动,肉眼观察不清时可以借助放大镜仔细观察。对观察到有问题的菌种坚决不用。

通过以上措施,就可以选择到适应本地生产,抗病,丰产性好,菌龄适中,无病虫感染的优质菌种。

10.对覆土材料怎样消毒效果好?

对覆土材料进行有效消毒是防止土壤带病虫进棚对生产造成危害的重要环节,具体的消毒方法主要有以下几种。

(1)阳光暴晒

选择覆土材料后,在硬化地面进行暴晒,随时翻动。利用阳光产生的热量消毒,消毒时间维持一个月左右。采用这种消毒方法要注意雨天要提前堆起并用塑料等进行遮盖。这种消毒方法的缺点是消毒时间比较长。

(2)蒸气消毒

首先用专用的高压锅产生高压高温蒸汽,通过导管直接导入到覆土材料中。时间1.2小时左右。其次用土蒸锅消毒。70~75℃保持2小时即可。这种消毒方法优点是消毒效果好,无化学污染,消毒时间短。

(3)药剂消毒

用量为每100平方米栽培面积的覆土分别用杀虫剂和杀菌剂300克,将药剂均匀喷洒在覆土材料上,再闷堆5天后使用。

11.高温天气,菇棚内温度太高,湿度低,菇长的不好,该怎么办?

在高温天气让菇正常生长最重要的是温度和湿度的控制,准确地说就是如何降温提湿。综合大部分菇棚存在的实际问题,建议菇农采取如下措施:

(1)尽量选择种植适应本地气候的中高温品种。

(2)菇棚顶部覆盖物要厚,可以起到遮挡阳光的作用,有利于棚内降温,也有利于保湿。

(3)安装通风换气设备,在晴天高温时开启,使菇棚内形成流动风,通过通风换气降低棚内温度。

（4）增加喷水次数和喷水量。菇棚内的喷水量从2次增加到4次左右，地面、菌棒表面、菇棚的内表面都要喷到。

（5）要定期向菇棚地表浇水，浇透一次，结合每天的喷水，可以维持10天左右相对稳定的湿度。

（6）在阴雨天气，可以把菇棚下部四周和棚口全部打开，取得一定的降温效果。

通过以上措施，基本就能保证菇类适宜生长的温湿度，也可促使菌类的正常生长。

12. 有很多菌棒被杂菌感染了，不能出菇，这些原料还能不能重新用？

只要种过食用菌的朋友都会遇到原料被杂菌感染的问题，感染的菌棒能不能再用要辩证地看。如果被感染的料重新再利用，消毒、接种后能正常发菌、出菇，那么重新用就是正确的，既节省原料降低成本，又减少了对环境的污染。但是如果再利用后原料继续被各种杂菌感染，这就得不偿失了。

从经验来看，做好被感染菌棒的正确处理，要抓好以下四点：

（1）要尽快对感染的菌袋加以筛选，能用的再利用，不能用的妥善处理坚决不用。筛选原则是依据被污染的程度，如果污染很严重，就不要重新用，主要原因是大部分营养已经被杂菌破坏，利用价值不大。

（2）要找到之前引起大量污染的原因并加以针对性地解决，这样在以后正常生产或污染料重新使用的时候，才不会再次出现大量污染的情况。

（3）在处理污染料的时候，一定要远离接种室、发菌室和出菇房，因为大部分杂菌孢子容易扩散传播，所以措施不当容易出现污染料二次传播杂菌。

（4）要注意正确的操作方法

①及时发现污染菌棒，尽早倒掉较少的污染点，集中销毁处理，剩余部分倒出打碎晒干。

②使用被杂菌污染过的原料栽培时，最好加入30%左右的新鲜原料，

并且适当加大生石灰的用量,提高装袋前原料的pH。

③料拌好后马上装袋,装袋后马上灭菌。

④一定要进行熟料生产。

⑤适当延长灭菌时间。

13. 菌棒消毒后发现有的料内会散发出一股酸臭味,并且在接种后发现菌丝生长得慢,是什么原因?

(1)可能的原因

①培养料存放时间过长,并且在存放时条件不好,导致雨雪浸泡后变质而带有大量杂菌。在普通的灭菌灶消毒时,很难达到彻底灭菌的效果。因此导致在消毒灭菌不彻底的情况下,由于料内的各类杂菌在拌料后条件适宜大量繁殖滋生,使培养料酸败,产生难闻的酸臭味。

②拌料时水分过多,料内氧气供应不足,使厌氧性的细菌和酵母菌乘机繁殖,导致培养料腐烂变质;如果使用小麦制作的菌种时,麦料容易浸泡腐烂不发菌。

③灭菌后存放的时间太长。有的菇农朋友在灭菌后由于农活忙或其他原因,灭菌后不能及时出灶。灭菌后的菌棒在高温缺氧的条件下容易出现原料酸败变质。

(2)解决办法

①原料存贮条件要好,一定要遮风挡雨。在拌料时选取的培养料一定要存放时间短,新鲜无霉变。消毒灭菌要彻底。

②拌料时水分不能太高,培养料水分含量不能高于65%。如果培养料湿度稍微大一点时,尽量避免选用麦料菌种。

③一定要在灭菌后两天内尽快从灭菌灶内取出菌棒并尽早接菌。

14. 鸡腿菇袋口覆土不出菇是什么原因?

主要是覆土方式不对。鸡腿菇正确的覆土方式是在菌袋长满后把长满菌丝的菌袋脱去塑料袋,横排在出菇棚内的畦中,袋与袋间隔1.5厘米左右,之间缝隙用土填实,袋上覆2.5厘米左右经过杀菌灭虫处理的大田土。覆土后先向出菇畦浇水,要保证覆土浇到水。浇水后在畦面覆盖塑料薄膜或薄草帘保湿。当幼菇顶出土表时揭掉覆盖物,同时喷出菇水,喷水量根据土壤干湿程度和子实体大小而定,土表发白干燥时多喷,不发白时少喷或不喷,但切忌大水猛喷狠灌;幼菇期不喷或少喷,子实体较大时适量增加喷水量。

15.金针菇长短不一,商品性不好,该怎样解决?

出现这种情况,主要是出菇期管理不当造成的。正确管理措施有以下几点:

(1)蕾期

采取催蕾管理措施,将菇房门窗打开,增强光照和通风,向空间喷雾状水,使菇房空气相对湿度增高到90%左右,降温至10℃左右,同时松动袋口,以诱发菇蕾的发生,但这时一定不能把袋口的塑料薄膜全部撑开,以防培养料水分蒸发,影响菇蕾形成。几天后,当培养料面出现棉花状菌丝或黄色水珠时,将袋口敞开,经过一周左右,陆续长出针头状的菇蕾。

(2)驯养期

当子实体长到1厘米左右时,要减少或停止喷水,湿度控制在75%左右。通风降温,将温度控制在5℃左右。驯养期后,恢复并保持菇房的温度在10℃左右,即可促进子实体生长。

(3)伸长期

要采取措施促使菌柄迅速伸长。

①套筒且拉直袋口。当子实体长到2~3厘米时,应把塑料袋口多余的薄膜撑开,提升拉直,这样便可以限制供氧,增高二氧化碳浓度,抑制菌盖开伞,促使菌柄伸长。

②调温。将温度控制在10℃左右。

③增湿。空气相对湿度应保持在85%~90%,菇房内应喷水保湿,喷水

量随子实体生长而增加。在喷水保湿的同时,要适当通风,保持干湿交替,这样既有利于促进菌柄的伸长,又可防止细菌性斑点病的发生。

④弱光诱导。在两排床架正中上方,每隔3~5米安装1只15瓦灯泡,产生垂直光,诱导子实体成束地伸向光源的方向,促使菌柄伸长。

⑤调控二氧化碳浓度。通过减少通风次数和时间,来提高空间的二氧化碳的浓度,使菇房空气中的二氧化碳浓度保持在0.1%~0.15%。

通过以上管理措施,大概15天之后,就可生产出菌盖直径1厘米左右,菌柄长度8~15厘米商品性较好的金针菇产品。

16. 金针菇菌棒接种后污染率特别高,有什么解决办法?

(1)可能导致接种后菌棒污染的原因

①培养料原料不新鲜。

②培养料灭菌不彻底。

③接种操作不规范,被霉菌感染。

④菌种不纯,带有杂菌。

⑤培养菌丝阶段不通风,温度过高等。

(2)应采取的防治措施

①培养料原料要新鲜、无霉变,不能掺入霉料。

②培养料灭菌要彻底,常温灭菌要在达到灭菌压力后持续10~12小时。

③接种时要严格按无菌操作规程进行。

④当打开原种或栽培种时,发现颜色或其他异常情况,都要严格挑选,采取严格淘汰的措施。同时,要适当加大接种量。当接种量较大,真菌菌丝快速占领培养料料面时,就会抵制其他杂菌的生长。

⑤发菌室消毒,保证环境清洁。

⑥发菌室温度控制在20~24℃,不能太高或太低。要注意在不影响室温的前提下进行通风,每天通风1~2次,每次10~20分钟。

17. 平菇泥墙式栽培具体怎样操作？

平菇泥墙式栽培是覆土栽培的一种方式，具体环节如下：

(1)墙土的选择与处理

墙土一般用菜园土或大田土配制营养土，选好土后，先打碎、过筛、喷湿，之后按照1立方米土，加石灰粉1%~2%、磷酸二氢钾0.5%，草木灰1%~2%制成营养土，最后调整水分使含水量达到18%后备用。

(2)垒墙

先将出菇场地整平，再将菌袋一头的塑料袋剥去或上卷至1/2~2/3，卷掉塑料袋的一头向内，另一头向外，平行排列的土埂上码行。在这一行的中间隔40厘米左右，在另一头再垒一行。两行中间填营养土，并且用营养土充分覆盖菌棒脱去塑料袋的部分。要求垒墙过程中上下层的菌袋摆放呈"品"字形，每一排的袋与袋之间留2~3厘米的空隙，每排完一层菌袋，铺上一层营养土，厚2~4厘米。覆土按培养料干重的0.1%计，均匀地撒一层尿素。

在向上垒墙的过程中，逐渐向内收窄二行菌棒间的距离，也就是下层二排菌棒相距40厘米，经过每层逐渐向内收后，最上层二排菌棒间距在20厘米左右。按上述方法，共堆8~10层。最上一层的顶部覆土层要厚，并且在中心线上留一条浅沟，用于补充水分和施用营养液，要经常保持菌墙覆土呈湿润状态，用来平衡培养料内的水分和营养。

(3)出菇管理

菌墙垒成后，每3~5天补充一次水分，以保持覆土湿润但无积水为宜，之后进行常规管理。

18. 平菇菌盖脆是什么原因？有解决的办法吗？

(1)品种方面的问题

一般来说浅色的品种比深颜色的品种容易发脆。

（2）跟菇房湿度大小关系比较大

如果子实体在生长期间菇房湿度较长时间小于80%，加之通风量比较大时，则容易出现这种情况。出菇期间，菇房湿度尽量维持在90%左右，同时，要合理通风。

（3）子实体采收过晚

一般来说，子实体在七八成熟时采收比较合适。采收太迟，容易出现菌盖边缘开裂的现象，所以一定要适时采收。

（4）跟营养缺乏有一定关系

二潮菇以后容易出现菌盖脆的现象。解决办法是在原料的配比中一定要按照合理的配方要求，适量增加氮素营养，同时，注意其他微量添加物不要遗漏。

如果能做好以上四方面的工作，种植的平菇菌盖易脆的情况会有一定的改善。

19.生料能不能种平菇？

用生料栽培平菇这种技术从理论上讲是可行的，它最大的好处是减少了操作环节，降低了生产成本。但是随着甘肃省各地食用菌生产的不断发展，种植规模越来越大，从现实的情况来看，采用生料栽培技术在现阶段种植平菇出现了越来越多的问题。其中主要的原因是随着食用菌生产的不断壮大，在种植区周围积累了大量的侵染性真菌、细菌，也就是通常菇农所说的杂菌，它们的存在对我们正常的食用菌生产构成了极大的威胁。在这种情况下，如果继续采用生料栽培，会因为生料栽培灭菌措施简单、不严格，导致杂菌感染培养料的情况大面积出现。所以开展食用菌栽培最好采用灭菌效果较为彻底的熟料栽培，以提高栽培的成功率。

从短期看，采取熟料栽培必须要建灭菌灶，存在增加生产成本的问题，但综合考虑，熟料栽培摊到每个菌棒上不但不会增加多少成本，反而会稳定提高生产的成功率。

20. 春末夏初想让平菇菌棒推迟出菇,有什么办法?

让菌丝发育成熟马上要出菇的菌棒推迟出菇是可行的,主要从温、湿度等管理措施入手。具体来说可以采取以下措施。

(1)首先要清除袋口的幼菇和子实体,然后用干净的小塑料片封口。

(2)菇房停止喷水。

(3)减少通风。

此时外界气温越来越高,白天要尽量关闭门窗,覆盖草帘,早晚可以适当通风降温。在此期间,要随时检查菌棒,发现袋口有子实体要随时摘除,以防培养料养分损失。

如果条件允许的话,最有效的办法是按上述措施将处理好的菌棒暂时搬运到冷库存放。

21. 平菇适合的碳氮比例是多少?

各种资料在介绍平菇适宜碳氮比的说法比较混乱,从(20~30):1到(50~60):1的都有。根据生产经验,综合考虑菌丝的生长速度、出菇快慢、投入产出比等因素,建议采用的碳氮比应该是(40~50):1。

22. 平菇发菌正常,菌丝长满后摆到菇房,打开袋口等待出菇,但已超过1周时间,绝大部分菌棒都没有出菇,很多棒子袋口料都有些干了,是什么原因?

首先要说明的是平菇菌棒打开袋口1周左右才出菇是正常现象,如果超过十来天了还不出菇就要查找原因。一般来说,出菇慢、不出菇的原因比较多,但是根据这位菇农所说的菌丝生长正常,菌丝长满后就摆到菇棚打开袋口以及袋口料干等这几点关键信息,造成暂时不出菇的原因很可能是打开袋口过早导致的。

(1)菌棒从发菌室放入出菇棚过早

正常的放置时间应该是等菌丝长满菌棒后让菌棒继续培育1周左右时间,这样,菌棒内的菌丝达到生理成熟后就可以摆到出菇棚进行出菇。在生产中能够看到许多菇农在菌丝刚长满菌袋甚至还没有完全长满菌袋时就把这样的菌棒摆放到出菇棚,这肯定是有些过早了。

(2)打开袋口过早

菌棒摆入出菇棚后,要进行正常的温湿度管理。温度一般控制在15~22℃,但在大批菌棒出菇之前,要加大温差调控,需要高低温有10℃以上的温差。另外,要通过向地面、墙壁等地方喷水,使菇棚相对湿度达85%~95%。至于打开袋口的时间,要在20%左右的菌棒长出菇蕾后再主动打开所有袋口。

(3)补救措施

用喷雾器把菌棒两头料已变干的袋子喷一喷,不要太重,袋口一定不能有积水,之后再松松地扎住袋口,提高空气湿度至85%~95%,加之10℃以上的温差刺激,即可发生菇蕾。

23.双孢菇到出菇后期需要翻菌床吗?

在实际生产中,部分双孢菇种植户可能会有这样的想法,他们认为在出菇一段时间后,上层的培养料营养利用得比较充分,而下层的培养料营养含量仍然比较高。其实,这种认识是错误的,因为根据相关的研究,双孢菇菌丝可以吸收80厘米深的培养料,并输送到培养料表面,供子实体吸收。国内双孢菇的菌床厚度基本在20厘米左右。所以不存在菌丝吸不到下层料中营养的问题,因而后期翻床并不能增加营养而提高产量。

但在双孢菇生产实际中有时的确需要翻床,主要针对的是培养料过于黏湿厚重,或喷水超量后,上部菌丝因缺氧窒息而萎缩,造成黑层而使下层培养不能利用,遇到这种情况就需要采取相应的翻床措施,重新覆土出菇。

24. 双孢菇发菌和出菇时温度掌握在什么范围内比较合理？

双孢菇菌丝生长的温度在5~32℃,低于5℃生长缓慢,高于25℃菌丝生长虽快,但纤细无力,容易衰老,超过32℃菌丝易衰老或发黄、倒状,以至于停止生长。

双孢菇子实体在7~22℃均可形成,在这个温度范围以外的5℃以下和23℃以上绝大部分品种都不能扭结出菇。

在能形成子实体的温度范围内,可划分为三个温度区间:

(1) 15~18℃最适温度区

在此温度范围内,蘑菇形成的数量多,发育迅速,菇体紧实、品质好。出菇集中,时间短,效益高。

(2) 18~22℃偏高温度区

菌丝虽然也能正常扭结出菇,但菇体发育过快,营养供应常常跟不上生长发育的需要,造成薄皮,开伞菇体较多,菇体品质差。

(3) 8~12℃偏低温度区

菇体形成少,虽发育缓慢,但菇体紧实,大菇、厚菇多,菇体品质好。缺点是出菇时间长,时间成本高。

所以我们在出菇管理中要采取各种措施,尽可能使菇房温度接近15~18℃这个最适宜的出菇温度。

25. 双孢菇备料、堆料时应该注意哪些事项？

在堆料时,除添加尿素作为氮源外,还应添加麦麸、饼肥等,和牛粪一起为双孢菇菌丝生长提供氮素营养。另外,粪肥、麦麸、饼肥、尿素除含氮素外,还含有大量的维生素和生长素,而尿素中只含氮素,却不含有菌丝生长所需的无机盐、维生素和生长素,所以在添加氮素营养时,不能只单一添加尿素。

注意事项:

(1) 一般尿素在配方中的添加量不能超过培养料总量的0.7%,如果尿素用量过高,则会导致培养料游离氨积累过多,能抑制蘑菇菌丝生长或造成菌丝中毒死亡。

(2)建堆时应该一次加入全部的氮素营养,绝不能在以后翻堆时加入,否则不但不能被全部的微生物所利用,还容易释放出游离氨,引起双孢菇菌丝中毒。

(3)如果培养料发酵好以后其他指标都正常,但是还有一定的氨味,一定不能马上接种,要在发酵料上菇床时边铺边抖翻晾2~3天,等氨味散尽后处理好培养料再下种。

26.双孢菇出菇三四天就出现了很多死菇,是什么原因,怎么解决?

导致双孢菇出菇期间死菇的原因可能是水分管理不当和温度管理不当造成的。

(1)水分管理,可能存在的主要问题

①喷水时间。要在双孢菇的子实体长到绿豆(贴生型菌株)到黄豆(气生型菌株)大小时喷水,太早容易伤害幼菇,太迟影响水分供应,影响品质,造成减产。

②喷水量。喷水量掌握在每平方米2.5千克水左右比较合适。

③喷水方法。2.5千克水要分2天、分6次左右喷到菇床上。也就是每平方米每次喷水量最好不要超过0.5千克,并且喷头要上斜45度,使喷雾器内的水轻轻飘落到幼菇上面,千万不可一次喷水过量,也不能使喷头直接对着子实体喷水。

④喷水后不能立即关闭门窗。喷水后最少要通风30分钟左右,要使子实体表面上的明水大部分蒸发后,方可关闭门窗。

(2)温度管理

到了春季后,外界气温有时升幅很快,如果因此导致菇房内两三天内温度升到20℃以上,就会出现菌丝旺长。旺长的菌丝需要大量的养分,会造成出菇三四天的幼菇营养倒流的情况,短时间内会造成幼菇成片死亡。

解决办法：在外界温度比较高时要随时观察，及时采取通风、喷水等措施，使菇房的温度降到18℃左右。

27.香菇发菌期间必须进行刺孔通气吗？

虽然在发菌期间不刺孔香菇菌棒也能发菌和出菇，但根据相关对比试验，发菌中期刺孔通气可使菌丝发菌速度加快，并使菌丝变得粗壮洁白；在菌丝长满菌袋后一周刺孔通气，可使瘤状物软化，促进转色。

同时，刺孔后通过对单棒香菇子实体数量，单菇重及单产的统计计算得出，刺孔通气对香菇子实体形成有很大的促进作用，可以使子实体数量增加、个体增大，从而使产量大幅提高，特别对中低温晚熟品种效果更为明显。

通过分析，刺孔通气后显著地增加了培养料的含氧量，可以促使菌丝的呼吸作用增强，加速木质素等养分的降解和废气的排出，可以使大量养分在菌丝内贮藏积累和促使更多原基被激活。所以通过刺孔通气可以使菌丝成熟时间缩短，出菇提前，产量提高，畸形菇数量减少。

刺孔的方法是发菌中期在距离菌丝端向内2厘米处每穴各刺3~4个孔，孔深比菌丝稍浅一点，注意不要刺到培养料上，以防感染杂菌。第二次刺孔在菌丝长满袋后10天，每袋各扎20~40个孔，孔深以菌筒的半径为宜。

28.栽培香菇什么时间进行转色，转色的要点有哪些？

大部分香菇品种经过60~70天的发菌培养后，再经过一段时间后熟培养，当菌丝达到生理成熟时即可脱袋转色，生理成熟必须渐次达到以下几点方可进行转色。

（1）菌丝长满菌袋。

（2）长满培养料的浓白菌丝继续发育，菌袋四周的菌丝体出现膨胀。

（3）袋壁四周膨胀的菌丝上隆起瘤状物，用手握菌袋，有弹性的松软感。

(4)瘤状物占袋面的2/3左右。

(5)接种穴四周,开始出现棕褐色就可以进行脱袋转色了。

脱袋必须掌握好时机,脱袋过早,菌丝没有达到生理成熟,转色困难,不利于子实体发生;脱袋过迟,过于成熟,造成菌膜增厚,影响原基发育和正常出菇。脱袋后的菌棒摆放在提前经过消毒处理的菇棚内,要抓紧速度,一畦一畦地摆,菌棒间隔3~5厘米,鱼鳞状摆放。每一畦摆满后,覆上薄膜,一畦成一个小拱棚。

脱袋后的第3~5天,尽量不要翻动薄膜,使菌棒表面的菌丝在新环境中恢复生长。菌棒适宜的具体条件是温度尽量维持在18~23℃,湿度90%左右,使菌丝在一个温暖潮湿的稳定环境中继续生长。如果小拱棚内气温超过25℃,我们要及时进行揭膜通风,降低温度;温度太低时,要采取提温和保温措施。同时,要在白天向地面或菇棚内喷水,但此阶段一定不能向菌棒喷水,保持空间相对湿度85%~90%。

脱袋后的第5~6天,当菌棒表面长满浓白色绒毛状气生菌丝时,要增加掀动膜的次数,每天通风2~3次,每次20~30分钟,以增加氧气和散射光照,拉大菌棒表面的湿度差,限制菌丝的生长,促使开始转色。

当7~8天开始转色时,可加大通风,每次通风1小时。结合通风,每天向菌棒表面轻喷水1~2次,连续喷水,2天喷水后要晾1小时左右再盖膜,迫使表面菌丝倒伏并转色。

这样经过半个月左右的管理,整个菌棒表面变为一层棕褐色的菌膜时基本完成转色。

29.白灵菇的出菇原料和配方有哪些,栽培管理过程中应该注意什么?

(1)结合甘肃大部分地区栽培原料的种类,根据白灵菇的生长特性,推荐三个配方,供种植户参考。

①棉籽壳90%,玉米面5%,石膏粉2%,糖1%,生石灰2%。

②棉籽壳40%,木屑38%,玉米面18%,糖1%,石膏1%,生石灰2%。

③棉籽壳52%,玉米芯35%,玉米面10%,石膏1%,生石灰2%。

(2)栽培过程中需要特别注意以下两点:

①菌丝后熟。白灵菇发菌完成后需要经过30~40天的菌丝后熟期才能进入出菇管理。后熟培养时注意培养基含水量,不要打开袋口保持水分,后期培养需要一定的散射光刺激。

②出菇缓慢。在菌丝后熟阶段完成后,要进行催蕾出菇管理,刺激菌袋快速出菇。

(3)具体措施

①一定的散射光刺激。

②搔菌处理。

③调节菇棚湿度为85%左右。

④加大菇棚温差刺激在10℃以上并持续10~15天。

30.种植杏鲍菇什么时间开始生产合适?

一种菌类的生产季节安排是否合适,主要从发菌和出菇生长两方面考虑。

(1)发菌

杏鲍菇菌丝体生长的温度范围是22~27℃,高于30℃时菌丝生长不良。现在开始拌料装袋,发菌时间在2月中下旬到3月上旬,发菌室适当加温就可以。

(2)出菇和子实体生长

因为杏鲍菇出菇温度为10~18℃,最适温度12~16℃,低于8℃不会现原基,高于20℃容易出现畸形菇,还会发生病害,引起死菇、烂菇。子实体生长温度为10~21℃,最适温度为10~18℃。

根据这一特性,菇农在利用自然气温生产时,一般只能安排在春秋二季进行生产。具体来说,春季生产一般在2月制作菌棒,3月至5月出菇;秋季生产一般在8月中下旬制作菌棒,9月下旬至11月出菇。

31.冬季生产食用菌,菇农会感觉到痰多咽喉疼,身体难受,有没有缓解的办法?

在冬季进行食用菌生产时,尤其像平菇等产孢量比较大的菌类,由于冬季菇棚通风次数和通风时间的减少,会导致孢子在菇棚的大量积累。菇农在菇棚里面劳动时吸入大量孢子,导致身体不适。主要症状有多痰、咽喉疼、头痛、咳嗽、胸闷气喘等。可以采取以下措施减少呼吸道吸入孢子的数量。

(1)适时采收

当平菇菌盖刚开始平展,颜色稍变浅,边缘稍显波浪状,孢子刚进入弹射阶段,子实体八九成熟时就及时采收。

(2)加强通风换气

在早上进入菇棚采收之前,先打开门窗通风换气10分钟左右,使菇房内积累的大量孢子排出菇房。

(3)菇房喷水

采收前用喷雾器喷水可降沉漂浮的孢子,大大减少空气中孢子的悬浮量。

(4)做好防护

在菇房劳动时戴口罩。有过敏风险的人员提前服用抗过敏的药物。

第4部分

中药材栽培技术

1. 早春种植大黄该怎样管理?

大黄是甘肃省主要的大宗药材,尤其以掌叶大黄和唐古特大黄最为著名。最近几年,大黄价格持续低迷,主要原因是大黄种植面积盲目扩大和大黄品质较低,不符合药典标准所致,因此早春田间管理对提高大黄产量和提升品质十分重要。

(1)防止动物践踏

大黄多年生,生长旺盛,芽苞大如拳头,最怕牛、羊、猪等的踩踏,芽苞受伤将严重影响其生长,造成大黄产量降低和品质变差。

(2)管理要早

大黄为多年草本植物,生长期长,发芽早,早春管理一定要从未发芽开始,及早进行。

(3)追肥与培土相结合

在早春,先清洁田园,降低病原菌数量。然后每株施充分腐熟的有机肥1~1.5千克,并培土15厘米左右高,这样既可保持大黄大量生长所需要的养分,还可促进地上茎向地下茎转化,提高大黄产量。在缺少农家肥的地区,追施化肥时,忌用硝铵和尿素等,可优先选用磷二铵等磷钾肥,每株追施100克左右。

(4)及早摘薹

大黄栽后的第3年就要摘薹,如果不是留种地,这时就要及时摘薹,因为薹的生长会消耗大量养分,抑制大黄的根部生殖生长。所以摘薹后,可以使养分集中,促进光合产物向根和根茎部运输贮藏,提高根及根茎的产量和品质。薹即为顶部开花的直立花茎,摘薹应选晴天进行,要从它的根茎部用手掰断,动作一定要轻,以免伤到其他叶柄的生长。摘薹结束后要及时用土盖住根头部分,并把土踏实,以防止雨水从切口处灌入腐烂根部。

摘除的大黄花薹不要扔掉,可食用,鲜生食或制作凉拌菜均可,该菜具有清热解毒和减肥的多种保健功效,值得推广。

2.大黄怎样干燥储藏?

大黄从育苗到成为商品需要生长三年以上,其入药部位为肥大粗壮的肉质根茎,一般单根鲜重在1~5千克。加工及干燥成为生产上的一大难题,传统方法是采挖后将大黄主根和水根分开后,摆放到房梁上熏干,需要长达5~6个月的时间,既浪费人力时间,又污染家庭环境及药材,同时需要消耗大量木柴。

经过多年研究,初步形成了一套产地加工储藏技术操作规程,现简要介绍如下:

(1)采挖的大黄生长要三年以上,三年以下的大黄质量达不到国家药典标准。

(2)采挖后先晾晒1~2天,再清洗,用喷淋的方法洗去表面的泥土,晾晒1~3天,切去芦头,切时忌用铁器,再根据规格要求,将主根茎和侧根(水根)分开,将主根茎切成大块(沿根茎的纵向,大的一分为四,小的一分为二),再切5厘米左右的块,在温度不高于45℃的条件下晒干或烘干即可。

(3)有条件的可建加工厂进行干燥,将切块的大黄根茎先杀青(115~120℃)2小时,然后在45℃条件下烘干,需要30~40小时即可干燥。

(4)干燥后经过包装,可放在阴凉通风干燥避光处,定期检查虫蛀、霉变等情况,可确保大黄质量安全。

3. 当归采收时,要注意哪些事项?

(1)生长年限必须是两年生,时间要适宜,甘肃10月中下旬到11月中旬,见霜后采挖,折干率高,品质优。

(2)选择天气晴朗,土壤水分适当,一般为12%~18%,割去地上部分晾晒,3~5天再采挖。

(3)选好工具,不能挖伤。选用三齿铁叉或二齿镢头,挖时距主茎15厘米以上,以防挖伤。

(4)及时拣选分级。将有病、虫蛀、挖伤、腐烂的挑选出来,将好药材进行干燥加工。

(5)及时摊开,晾晒,防止堆放时间过长和堆体太大,造成发热,影响品质。

4. 怎样有效避免当归采挖、晾晒时断折?

在当归生产或加工中,一般把较大侧根称为股枝。当归股枝断折,既影响产量,又影响品质,有必要引起重视。

(1)采挖方法及土壤含水量造成当归股枝断折

采挖方法及工具决定股枝断折的多少,生产上用2~3齿的镢头从地的一端向另一端整齐来挖。一般当土壤含水量低于10%或高于20%或当归种在土壤有机质含量较低的黑垆土、栗钙土和黏土上,股枝断折表现得更加明显。黏质土壤水分过干或过湿时,土壤就粘到当归上,而当归的根木质化程度非常低,很容易断折,此时采挖造成产量损失,伤口又容易引起挥发油和汁液流散出来,进而影响当归品质。

(2)及时晾晒失水

采挖后抖净泥土,晾晒到根体略发软时再进行运输,当归股枝就不容易断折。

(3)运输不当,造成股枝折断

当归采挖后运输时轻装轻卸,是减少股枝断折的又一方法。

(4)注意晾晒干燥方法

当归晾晒时翻动不当,造成股枝折断。当归晾晒时不能暴晒,翻动次数要少,翻动要轻,在晾晒前期,每2~4天翻动一次,不能用铁杈抖翻。另外,生产上把当归的根扎把干燥和低湿烘干,也是保护股枝断折的重要方法,可根据情况选择使用。

5.当归苗子越冬时应如何存放?

当归位居陇药之首,栽培上采用育苗移栽,上年培育的种苗下年移栽。苗子10月中下旬采挖,采挖后要经历4个月左右的贮藏时间,种苗贮藏的好坏,对下年当归生产影响很大,生产上常用的贮藏方法有三种,为堆藏、窖藏、埋藏。

具体操作方法:将采收的当归苗子,分级精选,晾干种苗表层的水分,扎成小把,每把30~40株,中间放上湿土,待当归种苗上残存的叶柄枯萎且温度下降到-5℃以下时,可进行以下贮藏。

(1)堆藏

用黄墒的潮土将扎成把的当归苗子头朝外,根朝内堆成圆柱形,外覆一层土,保持稳定低温。

(2)窖藏

放入窖内,温度保持在-5℃以下,堆放即可,防止温度过高和湿度太大。

(3)埋藏

选地势高,干燥冷凉的地方挖一坑,深50厘米,宽1.5米,长度根据数量决定,放3~4层,一层苗一层土,再上盖一层10~20厘米厚的土即可。

6.当归生长盛期进行田间管理时需要注意哪些事项?

当归生长盛期,若遇高温、干旱,就会严重影响当归生长,此时加强田间管理,对确保当归丰产十分重要。

(1)追肥

当归生长旺盛,喜肥,追肥主要是腐熟的农家肥、油渣、炕土、氨基酸肥(叶面追肥)等。磷二铵5~10千克/亩、硫酸钾3~5千克/亩(根部追肥);2%磷酸二氢钾50千克/亩、钼酸铵0.2千克/亩、硫酸锰2千克/亩。

(2)病虫害防治

生长盛期,病虫害发生率高,此时要加强病虫害防治。主要病害有:麻口病、水烂病、褐斑病、白粉病、菌核病。虫害有:种蝇、黄粉蝶、蝼蛄、蛴螬、金针虫等。

(3)除草

此时除草主要是拔草,将大草人工拔除,防止影响当归生长。

(4)浇灌

遇到严重干旱时,要进行补充灌溉,但田间不能积水。

(5)清洁田园

及时清除枯株病叶,并进行土壤消毒,可降低当归田间发病率,促进当归生长。

7.当归优质种苗应该如何选?种苗的分级标准有哪些?如何贮藏?

(1)选用优良当归品种,现有岷归1-4号。

(2)当归种苗分级标准见表2。

表2 当归种苗的分级标准

项目	指标		
	一级	二级	三级
根长(厘米)	10~12	13~15	7~9
根粗(毫米)	3~5	5~7	2~3

(3)当归种苗外观质量要求当归种苗根皮色正,芦头完整,外表皮细嫩,质地柔软,无明显木心,不得有机械损伤、破裂、畸形、腐烂、发霉等,有条件时应检查种苗所带土传病害情况。

(4)堆放贮藏方法

将当归种苗扎成直径5~10厘米的小把,选阴凉通风处,芦头朝外,一层种苗一层潮细土,含水量在18%~25%,堆放成圆锥形或方形垛,堆体长、宽(或直径)高均为50厘米的立方体或圆锥体,外覆5厘米左右的细潮土,细潮土水分过高容易引起当归种苗腐烂,造成损失。水分太低易引起当归种苗脱水,造成下年出苗困难。另外,不同等级种苗应分类存放。

8.有哪些适合甘肃种植的高产优质的当归新品种?

(1)岷归1号

苗期株高16~20厘米,茎半直立,叶色、叶柄淡绿;成药期株高30~40厘米,叶片深绿色,叶柄紫色,为典型的二或三回奇数羽状复叶,根长40厘米,平均鲜根重80.9克,主根淡黄白色,圆锥形,百苗重70克左右;茎秆紫色,花顶生,白色,种子淡白色,长卵形,千粒重1.9克,发芽率92.5%;总灰分5.0%,酸不溶性灰分0.6%,浸出物58.8%;特级、一级品出成率分别为24.1%和29.3%。根病平均发病率6%,病情指数2.4%;提前抽薹率平均19%,较对照降低1.3个百分点;岷归1号平均亩产鲜当归767.9千克,较对照增产19.4%。

(2)岷归2号

苗期株高15~20厘米,茎半直立,叶色、叶柄淡绿,主根淡黄白色,圆锥形,百苗重65克;成药期株高30~40厘米,叶片绿色,叶柄绿色,根长40厘米左右,平均鲜根重78.5克;结籽期株高140厘米左右,茎秆绿色,花顶生,白色,种子淡黄白色,长卵形,种果千粒重1.9克,种子发芽率90.5%。总灰分3.9%,酸不溶性灰分0.3%,浸出物68.6%,阿魏酸0.148%,特级、一级品出成率分别为23.2%和29.7%。岷归2号麻口病平均发病率4.4%,病情指数1.8%;提前抽薹率平均14.8%;岷归2号平均亩产鲜当归808.2千克,较对照增产12.2%。

(3)岷归3号

苗期株高25~35厘米,主茎淡紫色,叶绿色,叶边缘有缺刻或钝锯齿,根长23~31厘米,芦头径粗2~7厘米;第三年结籽期,主茎高108厘米左右,花顶生,白色,未开放的花苞呈淡紫色,果为双悬果,由二分果构成,分果内有种子一枚,种子白色;千粒重1.97克,种子发芽率65.5%。总灰分4.2%,酸不溶性灰分0.4%,浸出物61.4%,阿魏酸0.148%,麻口病平均发病率6.1%,病情指数为1.8%。提前抽薹率平均为15%。岷归3号平均亩产鲜当归708.1千克,较对照增产15.0%。特等归出成率25.1%,一等归出成率29.4%。

(4)岷归4号

结籽期主茎深紫色,平均株高72厘米;叶片长34.5毫米,宽24.0毫米;双悬果长4~6毫米,宽3~5毫米,种果千粒重1.895克,种子发芽率73.3%;成药期根系黄白色,平均根长28厘米,芦头径粗4.5厘米左右。总灰分4.1%,酸不溶性灰分0.4%,浸出物59.0%,阿魏酸0.127%,无麻口病株率85%,早期抽薹率15%;平均亩产鲜归759.8千克,较对照增产21.9%。

(5)岷归5号

根为肉质圆锥状直根系,幼苗期根长13.4厘米,侧根数2.4条/株,单株鲜根重0.87克;成药根长35.2厘米,芦头径粗3.7厘米;主茎、侧茎均为淡紫色,结籽期主茎高81厘米左右,具4~7节,叶柄长3~7厘米。成药期冠幅17~31厘米,长2~3.5厘米,有2或3个浅裂;结籽期叶柄长8.8厘米左右,小叶片宽3厘米、长4.3厘米。花白色,未开放的花苞呈淡紫色,花期在6~8月。果为双悬果,长4~6毫米,宽3~5毫米。种子淡白色,长卵形,长1~1.5毫米,宽0.2~0.3毫米。种果平均千粒重1.9克,种子发芽率87.4%。总灰分4.6%,酸不溶性灰分0.6%,浸出物60.4%,阿魏酸0.125%,田间病株率27.86%,病情指数9.29;岷归5号平均亩产鲜归701.1千克。

(6)适宜区域

要求海拔2000~2450米,年平均气温4.8~6.8℃,年降水量500~650毫米,≥10℃的积温1600~2250℃,日照百分率在50%左右的气候条件,土壤pH为8.2左右的壤土或沙壤土为宜。

9. 种植当归、黄芪时施哪种肥料好？

当归为伞形科植物，黄芪为豆科植物，收获对象均为根茎。根据植物特点，建议施肥以磷钾肥为主，农家肥以羊粪、草木灰、炕土等土杂肥为主，化肥建议根据土壤肥力情况，亩施20千克左右的磷酸二铵为宜。尽量不要施用尿素、硝铵等。

10. 党参不甜，外观也不好看，是什么原因造成的？

甜度和外观质量，是初步判断党参质量优劣的关键。根据生产实践和最新研究成果，分析党参不甜，外观不好看的原因，针对性地提出以下解决方法。

(1) 党参不甜与采收期有关

一般情况下采收越早越不甜，因为采收得过早，茎叶中的营养还未转移到根部，合成的淀粉未转化成糖，所以党参不甜，党参采收要在地上藤蔓完全干枯或见霜后再收获，这是确保甜度的基础。

(2) 党参不甜与施肥有关

党参施肥决定着甜度，过量施化肥，尤其是氮肥的过量使用和壮根灵等植物生长调节物质的使用，使党参的甜度明显下降。

(3) 党参不甜与土壤水分有关

如果当年种植党参的气候异常，如降水或灌水量大，党参较长时间生长于土壤过湿状态，党参也不甜，相比较，干旱的年份生长的党参味甜。

(4) 党参不甜与加工工艺有关

党参不甜与党参加工中的发汗情况有关，研究表明，党参发汗与甜度密切相关，发汗促进党参中的淀粉向低聚糖转化，使党参变甜。

(5) 外观色泽不好取决于种植党参的土壤

党参如果种在栗钙土、黑土、红土中，皮色发黑发红，根皮色泽不白，党参色泽就不好。如果将其种在黄绵土上，党参的颜色就好看。

(6)党参条不直,肉质不好取决于加工工艺

党参条不直,肉质不致密,菊花心不明显,主要取决于加工过程中的揉搓工艺,在党参加工中,一般要求晾晒至七八成干时,揉搓次数不少于3次,党参经反复揉搓后,条直、肉紧、菊花心等质量特征指标明显提高。

11.党参能否使用矮壮素? 如果能用,应该注意哪些方面?

矮壮素属低毒植物生长调节剂,其生理功能是控制植株的营养生长(即根茎叶的生长),促进植株的生殖生长(即花和果实的生长),使植株的间节缩短、生长矮壮、抗倒伏能力增强,同时,能促进叶片颜色加深,光合作用增强,提高植株的坐果率、抗旱性、抗寒性和抗盐碱的能力。在中药材里,没有明确规定矮壮素不能使用,所以可以选择适时使用。

使用矮壮素时需要注意以下几点:

(1)水肥条件要好,群体有徒长趋势时效果好。若地力条件差,长势不旺时,勿用矮壮素。

(2)严格按照说明书用药,未经试验不得随意增减用量,以免造成药害。初次使用,要先小面积试验。

(3)矮壮素遇碱分解,不能与碱性农药或碱性化肥混用。使用矮壮素时,应穿戴好个人防护用品,使用后,应及时清洗。

(4)矮壮素低毒,切忌入口和长时间皮肤接触。对中毒者可采用一般急救措施和对症处理。

矮壮素对抑制植物生长有着显著的影响,只要明确施用目标,采用正确使用方法,遵守施用原则,矮壮素将会带来较好的经济效益。

12.党参有没有新品种? 哪些品种适合在渭源栽种?

通过定西市农业科学研究院育成的几个高产优质党参新品种,经在生产上推广应用,取得了显著的增产增收效果。

(1)渭党1号

根肉质纺锤状,色泽黄白色,上端3~5厘米部分有细密环纹,下部疏生横长皮孔。初生茎绿色,生长后期转为淡绿色,茎上疏生短刺毛,地下茎基部具多数瘤状茎痕。叶片色泽淡绿,叶柄长0.8~3.3厘米,叶片长1~6厘米,宽1~4.5厘米。花期7月下旬至9月下旬,花冠宽钟状,淡黄绿色,长1.5~2.3厘米,直径0.8~2.1厘米。果期9月下旬至10月中旬,种子卵形,棕黄色,种子千粒重0.26克。根病平均发病率为3.7%,较对照低0.3个百分点;病情指数平均1.4%,较对照低0.2个百分点。浸出物75.9%,平均亩产372.0千克,较对照增产14.0%。

(2)渭党2号

叶片色泽淡绿,叶柄长0.5~3.3厘米,叶片长1~6厘米,宽1~4.5厘米。花期7月下旬至9月下旬,花冠呈钟状,淡黄绿色,长1.5~2.3厘米,直径0.8~2.1厘米。果期9月下旬至10月中旬,种子卵形,棕黄色,种子千粒重0.27~0.31克。在田间根病病株率为4.1%,病情指数为2.2%,对照品种渭党1号病株率和病情指数分别为8.0%和6.7%,田间抗病表现好,浸出物64.5%。

(3)渭党3号

果期9月下旬至10月中旬,种子卵形,棕黄色,种子千粒重0.27克。在田间根病病株率为4.8%,病情指数为2.1%,对照品种渭党2号的病株率和病情指数分别为8.0%和6.7%,田间抗病性表现好,浸出物67.7%,平均亩产鲜党参402.4千克。

(4)渭党4号

主根肉质纺锤状,色泽淡白色,上端3~5厘米部分有细密环纹,下部疏生横长皮孔。初生茎绿色,生长后期转为淡紫色,茎上疏生短刺毛,地下茎基部具多数瘤状茎痕。叶片色泽淡绿,叶柄长11.0~14.0毫米,叶片卵形或窄卵形,长38.0毫米,宽28.0毫米,叶缘为波状钝齿,两面均有较密短刺毛,叶基近于浅心形。花期7月下旬至9月下旬,花冠长钟状,内淡黄外淡紫色,长1.6~2.5厘米,直径0.8~2.2厘米。果期9月下旬至10月中旬,种子卵形,棕黄色,种子千粒重0.258克。总灰分4.5%,浸出物73.6%。田间病株率7.3%,病情指数5.3%,田间抗病性表现好,平均亩产406.6千克,较对照增产13.6%。

(5)栽培要点

育苗地要求海拔2000~2300米,于3月下旬至4月上旬育苗,亩播种量4千克左右为宜,育苗地要进行覆盖遮阴,一般于翌年3月中下旬起苗。成药期亩施腐熟优质有机肥5000千克以上,配施纯氮12.1~15.2千克、五氧化二磷5.5~9.7千克、氧化钾3.1~3.6千克、农用钼酸铵150克、硫酸锌1000克。栽植期一般在3月下旬至4月上旬进行为宜。10月中下旬采挖,采挖后晾晒至五六成干时进行串把,八九成干时整理参条和扎把,直至干燥。

(6)适宜区域

适宜在定西市岷县、渭源、漳县、陇西、安定区及陇南市、临夏州、甘南州等地,海拔1900~2300米,年降水量450~550毫米的半干旱区和二阴区推广。

13.党参如何留种?

(1)在田间选择品种纯正、生长健壮、病虫害发生轻或无病虫草害的党参留种。

(2)在有2/3党参蒴果黄褐色,种子变为黑褐色,并具有金属光泽时收获党参藤蔓,收获过早种子成熟差,不饱满,秕粒多,种子质量差,过晚种子虽成熟好,但落粒严重,种子产量低。

(3)党参藤蔓收割后堆放4~7天后再来脱离种子,让种子充分成熟。堆放时要注意通风,防止发热和防雨。

(4)党参种子不能在水泥地打碾,一般用木棒来敲击脱粒,防止种子破碎。

(5)及时晒干,晾晒温度不能高于30℃,温度过高容易造成种子走油。

(6)干燥的党参种子,等种子温度降低后,要用布袋或编织袋分装,不能用塑料袋装,防止种子窒息死亡。

(7)分装好的党参种子应放在阴凉、干燥、避光处,避免烟熏,防止发芽率快速下降。

（8）党参种子小，不耐储藏，储藏期一般不超过一年。

14.发展黑果枸杞要注意哪些问题？

（1）植物特性功效

黑果枸杞属茄科枸杞属，为多棘刺灌木，枝条坚硬，分布于我国西北。黑果枸杞味甘，性平，富含蛋白质、枸杞多糖、氨基酸、维生素、矿物质、微量元素等多种营养成分，还含有丰富的黑果色素——天然原花青素（红果枸杞不含），原花青素是最有效的、天然的自由基清除剂。

黑果枸杞藏医用于治疗心热病、心脏病、月经不调、停经等。民间作滋补强壮、降压药用。被收载于《四部医典》《晶珠本草》等藏药经典著作。

《维吾尔药志》记载，其主要用于滋补强壮、明目及降压药。现代研究表明，其具有抗衰老、改善睡眠、美容养颜、补肾益精、预防癌症、护肝明目、改善循环、增强体质等作用。

（2）注意适宜生长环境

野生的黑果枸杞适应性很强，能忍耐38.5℃高温，耐寒性亦很强，在-25.6℃无冻害，耐干旱，在荒漠地仍能生长。是喜光植物，花果少。对土壤要求不严，多生于盐碱荒地、盐化沙地等各种盐渍化土壤中，含盐量不超过0.3%，pH为8.5。

（3）注意育苗技术

黑枸杞呈深黑色，内含5~8粒种子，洗出果实，40℃温水浸种催芽12小时，然后播种。还可剪枝扦插育苗，剪10~15厘米生长健壮结果特性好的枝条，进行扦插育苗。严禁乱挖野生黑果枸杞苗，防止破坏荒漠植被。

（4）采收加工难度大

黑果枸杞有刺的野生特性加大了采收难度。

（5）市场销售风险大

市场仅限于保健和藏药、蒙药等使用，市场有限，有加工研究，但未形成产业化，销售渠道不畅，应慎重，勿盲目发展。

15. 春季定植枸杞需要注意哪些事项？

（1）选好品种选好苗

枸杞苗好坏一看品种，二看根系，三看是否干枯。这几年主推的品种是宁杞4、5、6号，这些品种的共同特征是果大、色泽鲜艳、丰产性高；枸杞苗根系不发达，尤其是老枝扦插的枸杞苗根系生长更差，优质的枸杞苗应该有三条具有活力的根系；另外，挖出来的枸杞苗不应暴晒，防止茎秆和根系干枯，降低成活率，同时要确保根系完整。

（2）选地栽植

选择土壤疏松肥沃，盐碱度不大于0.3%的沙质壤土进行种植。种植时如果土层较浅，可挖0.6~1.0米深，直径0.5~0.8米的定植穴，每穴底施0.5~1千克的作物秸秆等，其上覆盖0.5~1千克充分腐熟的农家肥，再回填熟土，然后定植枸杞，保持枸杞苗根系舒展，压实土壤，浇足水分。定植穴再覆盖黑色地膜，既能保持土壤湿度，防止盐分向表层运动，又能防止杂草生长，影响枸杞生长。在地下病害发生严重的地区，可用杀菌剂蘸根，防止枸杞根腐病的发生。定植株行距保持在1米×2米。

（3）幼苗期管理

防止牛羊及野兔啃食茎秆，发芽后及时进行抹芽，将枸杞主茎秆0.6米以下萌发的芽彻底清除干净，另外注意防蚜，必要时插枝条并干固定枸杞嫩枝，防止大风吹断。

（4）定植时间

枸杞定植当早春土壤解冻即可，越早越好。

16. 冬季，枸杞园在管理上需要注意哪些事项？

进入冬季后，枸杞树体将进入休眠状态，此期的管理是下一年丰产的关键，因此，在冬季管理中，需要注意以下方面。

(1)清洁田园

进入冬季,将枸杞园内的枯枝落叶清除干净,减少下年病虫害发生程度,枯枝落叶可深埋,也可用作肥料。

(2)冬季修剪

枸杞修剪要求简单,冬季修剪对枸杞树体比春、夏季修剪要好。修剪的顺序是:沿树冠自下而上剪除枸杞植株的根茎、主干、主枝、内膛、冠顶侧枝上所萌发的徒长枝,剪口要平整,因为是休眠期修剪,株体营养贮存在枝、干的导管内,剪口的伤口自然风干,不伤树。将枸杞树体上萌发的徒长枝剪除干净,防止在严寒的冬季被冻干或抽干。

(3)加强冬季田间管理

枸杞枝条味甜,无异味,羊、兔或者其他牲畜很容易进园啃食枸杞枝条。枸杞园要有人看管,不要让牲畜进入枸杞园啃伤树干,以保证枸杞安全越冬。

(4)施肥灌水

在枸杞进入休眠后,先施肥。每株施5~10千克充分腐熟的有机肥。在距中心干50~100厘米处挖放射沟,或在树冠外圈投影处挖圆形施肥槽,深15~25厘米,宽20~30厘米,不能挖伤枸杞根,防止根腐病发生。在土壤昼消夜冻时进行灌水,要浅灌,不要积水,一般一亩灌80立方米左右,可保护枸杞安全越冬。

17.黄芪中后期田间管理的注意事项有哪些?

黄芪前期以地上茎叶生长为主,后期以根系生长为主,因此做好黄芪中后期田间管理,对获得高产优质黄芪十分重要,在田间管理中,应做好以下几方面的工作。

(1)除草

在黄芪未封垄时进行除草与中耕结合,封垄后拔除杂草。中耕深度一般按苗期浅,成株深,苗旁浅,行中深的原则进行,做到不伤苗,不埋苗、不伤根、不留草,锄细、锄匀,不漏锄。

(2)追肥

根据黄芪生长情况施肥。小苗多施,大苗少施,以促小苗赶大苗,变弱苗为壮苗,达到苗齐、苗匀、苗壮的目的。在黄芪未封垄前,一般每亩施硫酸铵10千克,混合均匀后在行间开沟施入,施后覆土或根据天气撒施磷酸二铵10千克。封垄后喷施磷酸二氢钾、尿素、植物动力素、氨基酸等,效果更佳。

(3)灌溉排水

若底墒不足,天气干旱,应用小水或隔行灌溉,切勿大水漫灌。在结果种熟期,如遇高温干旱,也应及时灌水,促使种子正常成熟,降低硬实率,提高种子质量。雨季土壤湿度过大,会导致根部腐烂,易积水的地块应注意及时排水,降低土壤湿度,以利根部正常生长。

(4)病虫害防治

在黄芪生长后期,会发生白粉病、锈病、斑枯病。此病主要危害黄芪叶片,白粉病初期叶两面生白色粉状斑,严重时整个叶片被白粉覆盖,被害植株往往早期落叶,产量受损,一般发病率在10%~30%,严重的可达到40%以上。发病时可用三唑酮、多菌灵、百菌清喷雾防治。蚜虫危害黄芪严重,植株病害率高致使植株生长不良,造成落花、空荚等,严重影响种子和根的产量。发生时用2.5%敌百虫粉剂喷杀。

18.款冬花采收加工的注意事项有哪些?

(1)采收时间

经过多年研究,款冬花的主要成分是款冬酮、绿原酸、芦丁和异槲皮苷,其含量在10月中下旬到11月中下旬达到峰值,即在寒露至立冬之间,地封冻前花蕾未出土时采收。采收时间宜迟不宜早,从形态上看,款冬呈紫红色时采收。

(2)采收方法

采收时挖出全部根茎,摘下花蕾,去净花梗和泥土(不能接触水)。应从茎基上连花梗一起摘下花蕾,放入竹筐内,不能重压,不要水洗,否则花蕾干后变黑,影响质量。摘下的花蕾放在筐中,切忌放在布袋、塑料袋中,防止挤压和揉搓。若花蕾上有泥土,切勿用水洗或手摸揉搓,以免变黑影响质量。将摘完花蕾的老墩根茎再埋入地内,培土盖好,翌年春天可再收第二茬花蕾。

(3)加工方法

把摘下的花蕾薄薄摊在席上,置于通风处晾干,切勿暴晒和用手翻动,以免造成花蕾变色发黑或霉烂,以影响质量。待半干时,轻轻过筛,去净泥土及花梗。再晾至全干即可药用。也可用40~50℃温度烘干。烘干者颜色鲜艳,质量好,出干率也高。款冬花亩产干花蕾60~70千克。一般4千克鲜花蕾,可烘干成1千克干货。

19.山药前期生长特别旺盛,在秋季收获时,产量不高,畸形多,是什么原因造成的?

(1)产量不高的原因

前期营养生长特别旺盛,但秋季收获时,产量不高的原因是山药进入块茎生长盛期,要重视氮、磷、钾的配合施用,特别要重视钾肥的施用,以促进块茎的膨大和物质积累;生长后期要控制氮肥的施用量,防止藤蔓徒长。山药是忌氯作物,土壤中氯离子过量会影响山药生长,表现为藤蔓生长旺盛,块茎产量降低,品质下降,易碎易断,不耐贮藏和运输。因此,在生产中不宜施用含氯肥料。

(2)畸形山药的产生与预防

山药在栽培过程中,因受不良环境条件、栽培措施、管理方法等方面的影响,造成内部组织结构发生改变,从而产生各种形状,如山药块茎上端分杈、下端分杈、蛇形、扁头形、脚掌形、葫芦形、麻脸形等,这些统称为畸形山药。

①形成畸形的原因。a.土壤中异物影响。山药沟中存有石块、砖块、沙砾、胶泥块等硬物,填沟时未能仔细地剔除或充分粉碎,山药块茎在生长中遇到这些硬物,生长点受阻而改变生长方向,形成分杈、扁头等多种畸

形。b. 盲目施用种肥。药农在种植山药时，为使出苗后苗壮、生长迅速而施用各种各样的种肥，但由于种肥施用过多或未能充分与土壤混合，摆放山药栽子时，栽子与种肥接触，把芽或生长点烧坏，造成块茎分杈、多头等畸形产生。c. 施用未腐熟的有机肥。山药生育期较长，需要源源不断地供给肥料，以保证其正常生长发育。因此，在种植时施用肥效较长的有机肥，如重施厩肥、堆肥、人粪尿、饼肥等，这些有机肥在施入田间之前均应经过充分发酵、腐熟，但有部分药农为省时省功，未按照要求在前一年夏季或秋季把有机肥进行充分地发酵腐熟，而是在当年春季把刚刚从养殖场运来的动物粪或未腐熟的人粪尿等直接施入土壤中，这些未腐熟的有机肥施到田间后，必须经过发酵、腐熟这一分解过程，而发酵时产生的热量容易伤害山药根系和块茎（农民俗称"烧根"），特别是块茎尖端，组织细胞柔嫩，是整个块茎的生长点，碰到未腐熟的粪块很容易被烧坏，从而使基端分生组织的汁液外渗，形成分杈或块茎外表麻脸状等畸形，如果山药毛细根被烧坏，影响养分的吸收，易产生蛇形、葫芦状畸形等。d. 地下害虫危害。在山药种植时，沟内没有施用防治地下害虫的药剂，地下害虫在生长过程中对山药块茎生长造成危害，如咬食、截断生长点，使山药块茎不能正常生长，造成山药畸形。

②预防措施。a. 除去沟内异物。人工挖山药沟时应在冬季前进行，土块经过冬春雨雪的侵蚀、冰冻、风化，充分粉碎，用时随风化解冻随后填沟，填沟时仔细剔除土壤中的石块、砖块、沙砾等硬物，注意不要将大土块填入沟内。b. 种植时按技术规程操作。种植山药不能在种植沟内施用种肥，为防治地下害虫施用毒土、毒饵时不能盲目加大剂量，方法是将豆饼炒香，用90%敌百虫晶体30倍拌湿或每亩用3~4.5千克克线丹拌细土30千克，均匀撒于播种沟内，用撅头耧划一遍，使毒饵充分与土壤混合，能有效防治蝼蛄、蛴螬、金针虫、线虫等地下害虫的发生。然后顺沟浇一遍水，水渗后摆放栽子，覆土成垄。c. 施用腐熟有机肥。如人粪尿、堆肥、厩肥和优质土杂肥，这些都是富含N、P、K等多种营养元素的完全肥料。要利用夏秋季节气温高、易发酵腐熟的有利时机提前进行沤制，避免施入土壤中出现烧根。另一方面提倡将有机肥和部分化肥在种植完山药后施入山药行间，把腐熟

的有机肥铺施于两行山药之间的畦面上,然后耧划翻土15厘米左右,使土、肥充分混合,然后将畦面的肥土覆于山药垄的两侧。

20.越冬的柴胡能否烧掉秸秆？应该如何管理？

柴胡是多年生药材,在甘肃一般生长两年,据研究,三年采收最好,这就需要进行两个冬天的越冬管理,在越冬时,地上枯萎的秸秆是不能烧的,应该在枯萎前将地上留3~5厘米的茬,然后割掉茎秆,这样的好处是能保护柴胡越冬芽,促进下年早发芽生长。另外,还能防止或减轻一些以秸秆为传播载体的病虫草害。但地上茎秆不能割得太晚,晚了杂草和柴胡种子脱落,造成下年田间柴胡密度和杂草太多,影响柴胡生长。柴胡越冬管理比较简单,主要是施肥和清洁田地,清洁田园可减轻下年病虫草害,施肥或覆土主要是保护越冬芽,促进地下根的伸长生长,提高柴胡的产量和质量。

21.天水种植哪种中药材合适？

天水地跨长江、黄河两大流域,境内山脉纵横,地势西北高、东南低,海拔760~3120米,年均气温7~11℃,年降水量300~500毫米,年日照时数2100小时,无霜期140~230天。冬无严寒,夏无酷暑,气候温和,日照充足。土壤以黄绵土、黑垆土为主。天水是秦药的主要产地,也是甘肃重要的陇药产区。

天水种植面积较大的中药材主要有党参、板蓝根、柴胡、红芪、黄芪、半夏、甘草、黄芩、独活等,此外,当归、款冬、生地、防风、独活、大黄、天麻、党参、贝母、牛膝、杜仲、金银花、连翘、厚朴、桔梗等也有种植。按生产地域来说,党参主要在甘谷、秦安、麦积等县区种植;红、黄芪主要在甘谷、秦州、武山等县区种植;板蓝根主要在秦州、麦积、清水等县区种植;柴胡主要在清水、秦安、张家川、麦积、秦州等县区种植;半夏主要在清水、秦州、麦积等县区种植;甘草、黄芩主要在清水等地种植;独活主要在张家川县等地种植。以上提到的这些中药材在天水都可以种,但要根据各县区气候环境、土壤条件选择适合品种进行种植。

22.定西市安定区山区适合种植哪些药材?

(1)在安定区山区,从气候方面看,应选择种植一些抗旱、抗寒,如甘草、黄芪、当归、党参、黄芩、柴胡、板蓝根、丹参等药材。

(2)选择种植耐瘠薄的药材,如黄芪、甘草、柴胡等。

(3)选择适宜当地种植的大宗药材,适宜种植的药材因长期种植,产量质量有保证,大宗药材有市场,销售渠道畅通。

(4)选择种植加工工艺复杂,生长周期长的大宗药材和新特药材。该类药材抵御市场价格风险的能力强,经济效益高。

23.在海拔2000~3000米的地区种植什么药材比较好?

如果是阴湿的地区种党参、羌活、秦艽、大黄比较好;如果是干旱地区就种柴胡、黄芪、黄芩。

24.会宁适合种甘草吗?

甘草为豆科多年生草本植物,是临床常用中药之一,具有补脾益气、清热解毒、祛痰止咳、缓急止痛、缓和药性、调和诸药等功效。甘草生长于日照时间长,光照充足的环境,抗旱性极强,虽然甘草对土壤条件要求不严,但以沙壤土和沙土为好,不易在黏性大的土地里种植甘草。

会宁县年平均气温8.1℃,无霜期166天,年降雨量350~450毫米,海拔1450~2400米。按气候和生产条件划分,全县有不同类型的五大区域:丰热保灌区、冷凉保灌区、冷凉山源区、干旱沟谷区、二阴沟谷区。根据会宁的自然条件,可以种甘草,但因会宁降水量偏少,要想获得高产的话,还是需要灌溉的,因此在灌溉区种植较好。在没有灌溉条件的地方,地下水深度在1.5~3米也可保证甘草良好生长。此外如果用种子直播来栽培甘草的话,还要注意,甘草虽属耐旱植物,但甘草植物仅仅是在成苗后才耐旱,种子萌发期及幼苗期并不耐旱,当土壤含水量低于5%时,种子不萌发,适宜种子萌发的土壤含水量为7.5%以上。幼苗期由于根系欠发达,遇大旱季节,苗会大量枯死,因此,幼苗期要保持土壤有一定的湿度。

一般来说,甘草如果用种子播种需要3年时间才能收获,若用1年生种苗需2年时间就可以收获,可根据当地山区的自然条件选择种植。

25.中药材仓库建设包括的内容与技术指标有哪些?

(1)仓库的位置。避免阳光直射、方便物料进出,最大限度减少运输距离,降低运行成本。

(2)功能间。常温库或阴凉库,根据具体品种确定。晒场,用于中药材养护,整理中药材,面积不能太小。杂物间,存放工具等。办公室,库管员办公。

(3)面积。根据存放中药材的总量估算。

(4)空间。高大于5米,宽15米。

(5)地面。水泥地面,光滑平整;一楼应做防潮层;负重:水泥地面为每平方米5吨;沥青地面为每平方米2.5~3吨。

(6)墙面。隔热,平整光滑;开窗:离地面2~2.5米;地窗:离地面20~30厘米,考虑防雨的实际效果。

(7)屋顶。隔热,不漏水。

(8)门、窗。门宽2~3米,高2~2.5米,相对设置,便于通风;门窗、通风孔(排风扇等)应结构紧密,"关"能密闭,"启"能通畅,灵活方便,并能防止雨水侵入。

(9)照明。防爆灯,灯的安装位置不能在货垛的上方,应在内通道的上方,开关应在室外。

(10)外通道。平坦光洁,四周通畅,宽2.5米,外墙处设置排水孔。

(11)卸料台。高度应与运输车帮的车面地板持平(约离地面高0.9米),以利装卸操作。

（12）雨棚。高度满足卸货需要，宽度满足挡雨的需要。

（13）晒场。场地应选干燥地段，四周不受或少受建筑物遮蔽的影响，铺设水泥地面，表面平坦光洁。

（14）装卸搬运设备。起重机、叉车、堆码机、搬运车、拖车、牵引车等。

（15）保管设备。衡器、货架、货柜、苫布、苫席、枕木、隔板等。

（16）养护设备。温度计、干湿计、烘干机、抽湿机、抽风机、空调机、排风扇等。

（17）安全防护用品。工作服、安全帽、护目镜、防毒面具、防盗设施、灭火器等。

（18）通信设施。网络、内部电话。

（19）供电设施。适合各类电器使用需要。

（20）供水设施。供水管、水池。

（21）防盗设施。窗户安装安全防护网，监控设施（摄像头、红外线报警器）。

（22）防火设施。灭火器，消防栓，水龙带，安全门。

（23）货梯。要满足运输量的要求。

26.中药材产地加工应该注意哪些问题？

中药材收获后，进入产地初加工阶段，加工好坏影响药材的质量和价格，也影响疗效，值得药农注意。

（1）净制。用水洗、风选、拣选等方法使药材干净。

（2）干制。注意掌握温度高低、揉搓、发汗。

（3）切制。根据药材特点和规范。

（4）包装。干净无污染，严密，方便贮藏运输。

27.中药材产新时价格波动大,应该如何应对？

中药材产新时，药材价格波动剧烈，作为药农应注意以下几点，才能做到增产增收。

(1)根据国家中医药政策来分析中药材价格的升降。多关心国家医疗卫生方面的政策,同时也应该注意流行性疾病的发生情况,这些疾病对一些专用的中药材市场价格影响较大。

(2)根据多年中药材价格变化和当年药材价格波动情况确定药材价格走势,并根据市场销售量确定近期销售变化,根据这些变化综合决定药材储藏或销售,并确定药材销售的价格。

(3)对产新的药材进行必要的分级、干燥、净制、切制等方面的产地初加工,以延长中药材产业链,提高药材销售价格。

(4)对加工好的药材进行合理适当的包装,防止药材污染,增加药材附加值。

(5)对储藏的药材要放到专用的药材储藏库,确保干燥、通风、避光,防虫、防鸟、防鼠,并定期检查,及时养护,保证药材储藏安全,通过错峰销售,提高药材售价。

28.中药材储藏期间如何保证质量安全?

(1)入库前进行库房清洁

应保持库内清洁、干燥、通风。窗户上应有防虫网,门上应有防鼠板,有条件的地方应清洁后进行防虫处理再入库。注意外界温度、湿度变化,及时采取有效措施调节室内温度和湿度。

(2)降低药材水分含量

中药材的含水量超过15%时,容易发生虫害、霉变等变质现象。对含水量高的药材,要借高温、太阳、风、石灰干燥剂等,选用晒、晾、烘、微波、远红外线照射等方法,将含水量降到15%以下可保证大多药材安全储藏。

(3)定期或不定期进行仓库检查

每隔10~15天必须进行定期检查,对仓储的药材进行全面检查,发现问题,尽早解决,避免造成损失。遇到大风、强降雨等灾害性天气时,应对库房和药材进行检查,发现问题及时解决。

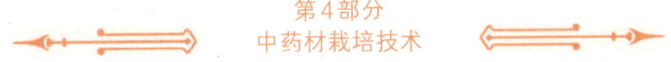

(4)分类储藏方便养护

药材种类繁多,有的药材需要避光,有的药材不能重压,有的药材易虫蛀,有的易霉变,有的易散气走味,应根据药材性质及特点分类保管,是保证药材安全储藏的关键。

(5)低温储藏保证质量

霉菌和害虫在10℃以下不易生长,且泛油、溶化、粘连、气味散失、腐烂等,药材的变质反应在低温时也不易发生,所以将药材放在阴凉干燥处(如冰箱),有利于保存其有效成分。

(6)避光储藏防止药材变色

像花、叶类药材,在光照时容易产生变色,应贮藏在暗处及陶瓷容器、有色玻璃瓶中,避免阳光直接照射,防止变色。

(7)密封气调储藏保证药材品质

容易风化(芒硝等)和挥发(冰片等)的药材,密闭保存可避免有效成分散失。大多药材,可用真空塑料袋包装,将药品放在袋内抽真空或充氮气、二氧化碳等气体,可起到非常好的防虫蛀、霉变等多种品质变异现象的发生。

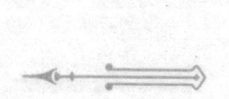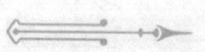

第5部分

粮食作物种植技术

1. 玉门能用全膜覆土穴播技术种植春小麦吗？

可以用全膜覆土穴播技术种植春小麦。该技术集增温保温、抑蒸、集雨、留膜免耕多茬种植、精量播种等技术于一体，具有节水、增产增效显著，膜上覆土能延长其寿命起到节本增效的作用。其关键操作技术注意事项如下：

(1)要整平地面、磨细土坷垃，使地膜紧贴地面不涨风，遇风或灌水时膜上的覆土不堆积。

(2)施足基肥，秋施腐熟优质的农家肥，深施化肥。结合秋整地亩施腐熟的优质农家肥3~5吨，化肥要深施，一般亩施尿素15~20千克、过磷酸钙80~100千克、硫酸钾或氯化钾12~15千克。

(3)选择具有抗逆性，特别是抗倒伏性强的优质丰产中矮秆小麦良种，如陇春26号、陇辐2号、宁春4、15号、武春5号、甘春24号等小麦品种。

(4)膜上覆土要均匀，厚度1厘米，覆土过薄压不住膜，播种穴易错位，过厚种子播不到位，播在膜上或膜下扎根浅，易倒伏缺苗。最好选用覆膜覆土播种一体机完成。如用手动播种机播种，在同一幅膜上要同方向播种，以免造成播种穴错位。

(5)精量播种,密度适宜

播深3~5厘米,行距15厘米,穴居12厘米,采用120厘米宽的膜每幅播8~9行,密度每穴8~14粒,播种量千粒重在50~55克品种,一般25~30千克,千粒重在42~48克的品种,每亩22~28千克为宜。

(6)适时适量灌水

在灌好冬水的基础上,每亩灌苗期至拔节水70~80立方米,抽穗水60~70立方米,灌浆水50~60立方米,干热风重发频发地区,可在来临之前2~3天,浇"洗脸水"每亩20~30立方米,当天渗完为好。

(7)化学控制防倒伏

为有效防控旺长、徒长,预防小麦倒伏,除选用抗倒伏中矮秆小麦品种(株高不超过85厘米)外,在小麦拔节初期每亩用矮壮素或壮丰安50~100克,兑水30千克;或用吨田宝50毫克,兑水15千克,进行叶面喷洒,可有效预防倒伏。

(8)适时追肥

结合灌水分别在小麦进入分蘖至拔节期、抽穗期、灌浆期追施尿素和叶面肥,以促壮增蘖,保花灌浆,增加粒重,提高产量。在灌水前最好用追肥器把尿素追在膜下土里面,以提高肥料利用率。

(9)为确保高产,在小麦抽穗—灌浆期,实施1~2次"一喷三防"技术,以达到防病、防虫、防干热风的目的,喷防时间两次间隔7~10天。

2.通渭种哪种冬小麦品种好?

甘肃省推出的抗病、抗旱、抗寒、耐瘠薄、高产稳产的冬小麦优良品种很多,如兰天26号、兰天27号、兰天28号、中梁27号、中梁28号、中梁29号、中梁31号、陇鉴386、陇鉴301、天选45、天选48、天选49、西峰27、西峰28、平凉44、庄浪9号、泾麦1号、静麦3号、陇育4号、中天1号等等。通渭种植冬小麦最好选用静麦3号、兰天26号、兰天28号、西峰27号、中天1号、庄浪9号以及陇育4号等。

小麦高产良种是关键,每年一到冬春麦播种前夕,农民朋友们求购兑换优良品种,以期来年有个好收成,但是一部分农民朋友对小麦品种的了解不是很多,在品种选择上容易走入误区,给生产和收入带来不该有的损失。

误区一:片面追求新品种,认为新品种一定是好品种,不经当地试验示范直接用于生产,偏听、偏信网上广告宣传,错误地认为新品种一定是高产稳产品种。

误区二:不看品种的适应范围,片面追求大穗大粒品种,大穗品种一般具有较高的增产潜力,但种植大穗品种不一定就高产,因为每个品种都有其地域性和其栽培特性及关键技术,外地好品种不一定适合当地种植。

误区三:片面追求高水肥品种,每个品种都有其适应的地力水平,高水肥品种只有在高水肥地块种植,才能发挥其增产潜力,如果在低产田种植,往往会出现早衰、干枯、籽粒不饱满、产量低下等现象。

所以希望农民朋友在选择小麦品种时,避免以上误区,一定要选择经过当地农技和种子部门推荐,与当地生态条件和栽培水平相适应的小麦优良品种。除此之外,请农民朋友尽量不要自留麦种和邻里兑换麦种,以免给生产带来损失。

3. 硫酸锌肥料拌玉米种,应该注意哪些事项?

玉米对锌肥比较敏感,一般拌种用量每千克用硫酸锌2克左右,可用少量的水溶解喷于种子上,边喷边拌,用水量以拌匀种子即可,水多了种皮容易发皱、烂种,晾干后即可播种。也可再拌杀虫剂和杀菌剂。如果用量过大容易造成肥害,影响种子的发芽和根的生长。

4. 玉米能否喷施矮壮素?

玉米可以喷施矮壮素或助壮素。矮壮素是一种用途很广的植物生长调节剂,能使作物变矮变壮,促使其耐寒、耐涝,对人畜低毒。主要适用于生长期较长的作物,如小麦、水稻、棉花、烟草、花卉和玉米等,能使作物苗期长得矮壮,不倒伏,多结果。玉米拔节初期使用矮壮素或助壮素能有效防止倒伏,当超过1米时或已过拔节期,喷施矮壮素防止倒伏效果较差。

将浓度适宜的矮壮素用于玉米后,可以改变其群体结构,降低株高,提高产量。一般在玉米拔节期根据其田间长势,决定是否使用矮壮素。旺长地块一般每亩用50%的矮壮素15~30克,兑水30~40千克,在玉米植株顶部叶片进行喷雾或在玉米11~14片叶期,每亩用玉米助壮素40毫升,对玉米上部叶片均匀喷雾,可以控制株高,促进其果穗分化,提高结穗、结实率。

玉米喷施矮壮素后,可起到抗旱、抗病、抗倒伏,促进生殖生长的作用,促使玉米棒大穗多粒重,秃顶率低,增产幅度一般为15%~30%。喷施原则一般为"喷高不喷低,喷旺不喷弱,喷黑不喷黄"。对于高水肥田、施入底肥较多的地块或秸秆较高的品种,应适当加大用药量。

5.连年种植玉米,施用化肥过多造成玉米产量越来越低,土壤有机质含量大大降低,怎样才能提高土壤有机质含量?

连续多年种植同一种作物,不进行轮作倒茬,土壤得不到休养生息。只用化肥不使用有机肥,易造成土壤板结,破坏土壤理化性质,致使土壤微生物种群单一,土壤养分不均衡,所以玉米产量越来越低。同时,与选择的玉米品种和田间栽培管理技术有重要关系。

提高土壤有机质含量应从以下几方面着手:

(1)种养结合,实行农作倒茬;

(2)增施有机肥,堆肥、沤肥、饼肥、人畜粪肥等都是良好的有机肥;

(3)积极实行作物秸秆还田;

(4)实行粮肥、粮经、粮豆、粮粮间作,轮作种植,用地养地相结合,均衡土壤养分,丰富土壤微生物种群类型;

(5)种植绿肥,改善土壤理化性质,为土壤提供丰富的有机物质和氮素。

6.甜高粱适宜在二阴地种植吗？能否在碱潮地种植？

甜高粱不适宜在二阴地区种植，可以在碱潮地种植。

甜高粱种植对环境条件的要求：

(1)对土壤的要求

甜高粱适合在任何一种土壤种植，以肥沃、疏松、排水良好的沙壤土最宜。其耐盐碱、耐旱、耐涝、耐瘠薄、抗逆、抗倒伏、抗病，适应性强。土壤pH在5~8.5范围均能种植，最适宜的土壤pH是6~8。

(2)对降水的要求

甜高粱根系发达，从土地中的吸水能力强，一般生长期内需要450毫米的降雨量。甜高粱茎叶表面附着一层蜡质，具有减少蒸腾和较强的抗旱作用。

(3)对热量的要求

不同的品种对温度的要求不同，但大体在18~35℃就能满足其正常生长发育，最适宜的生长温度为20~30℃。凡≥10℃以上有效积温在2600~4100℃的区域都能种植甜高粱。

(4)对海拔的要求

在海拔1700米以下，温湿度达到以上要求的区域均宜种植甜高粱。

7.如何科学栽培高粱？

(1)土壤耕作与施肥

高粱对土壤无选择，但若要高产，以肥沃疏松排水良好的壤土或沙壤土最好。播种高粱的土地，要在前茬作物收获后进行夏耕或秋耕深翻1~2次，灭除田间杂草，反复耙糖，粉碎土块，整平地面。入冬时，灌足冬水，冬春季耙糖镇压，蓄水保墒，播种前浅耕，耙糖整地。旱作区秋季耙糖，精细整地，冬春季镇压、蓄水保墒，待播。

高粱需肥量较多，粮用普通高粱每生产50千克籽实，需从土壤中吸收

氮素1.3千克,有效磷6.8千克,有效钾1.6千克,以氮、磷需要量较多。结合深翻,每亩施腐熟厩肥2000~3000千克,播种时施种肥每亩硝酸铵8~10千克,或磷酸二铵每亩5~8千克。

(2)播种

为保全苗壮高产,播种用种子须选用成熟、粒大、饱满,上年收获的纯净新鲜种子。种子田要播种国家或省级种子质量标准规定的Ⅰ级种子,草高粱播种Ⅰ~Ⅲ级种子均可。种子在经过严格的清选和品质检验后,晒种1~2天再播种。

高粱是喜温作物,着地温低,湿度大,种子在土壤内存留时间过长不发芽时易引起霉变。土壤温度达到10~12℃时播种为宜。庆阳地区于4月20日至5月初播种,河西地区于4月下旬至5月上旬开播。草高粱在春季至夏季之间都能播种,具体时间视需要而定。

播种量以利用目的、品种和播种方法而异。种子田条播每亩大高粱及多穗高粱1.0~1.5千克,行距40~50厘米,保苗4000~5000株;小高粱及甜高粱1.5~2.0千克,行距30~40厘米,保苗5000~6000株;草高粱单播每亩2.0~3.0千克,保苗12 000~15 000株,与草谷子、草玉米、箭筈豌豆、毛苕子等混播时,草高粱占单播量的20%~60%,具体比例以参与混播草种多少而定。

播种方法有条播、撒播和穴播。种子田宜条播或穴播,草高粱可条播或撒播,条播行距15~20厘米,甘肃一般多用撒播。播种深度一般3~5厘米,土干宜深,土湿宜浅,播后耱地镇压,土壤墒情较差时,要用镇压器镇压,使土壤与种子紧密接触,以利出苗。

(3)田间管理

高粱幼苗顶土能力差,出苗前如遇水土壤板结时,要及时耙耱或镇压,破除板结层。种子田苗期生长缓慢,易被杂草危害,要及时中耕除草。在苗高10厘米左右或3~4片真叶时,进行第一、第二次中耕和间苗;苗高20~30厘米时,进行第三次中耕除草和定苗培土,定苗株距20厘米左右。定苗培土后的种子田要随时摘除分蘖,以提高种子产量。

高粱耐旱性强,苗期在土壤不十分干燥时,不需灌水,以便蹲苗。水浇地在定苗后结合追肥灌水一次,可促进生长;拔节至抽穗开花阶段生长加快,需水量增加,可根据降雨情况灌水1~3次,使土壤含水量保持在60%~70%即可。高粱耐涝性虽强,但若长期淹水或田间积水时,仍不利根系生长,应注意及时排除。为保高产,生长期内需进行追肥,每亩施硝酸铵等氮肥8~10千克,磷酸二铵等复合肥5~10千克。种子田可在拔节和抽穗期分两次追施,草高粱在拔节期一次追施。

8. 如何科学栽培和利用燕麦?

燕麦是一年生草料兼用作物,生育期短,生长速度快,产量高,质量好,易调制贮存,是牧区和半牧区冷季补饲家畜的主要饲草。可作为甘肃省当家草种发展。燕麦与箭筈豌豆混播能提高饲草产量,改善饲草品质,用冷冻法调制燕麦青干草既保存了较高的营养,又提高了干草的利用率。牧区畜圈内种青燕麦,水肥足,产量高,收贮利用方便。这些行之有效的栽培与利用技术应大力推广。

(1)整地与施肥

牧区新垦地种植燕麦,要在土壤解冻后深翻,反复切割,交错耙磨,粉碎土垡,整平地面,蓄水保墒。头两年可不施肥。耕地种植时,要在前作收获后浅耕灭茬,蓄水保墒。翌年结合翻耕施足底肥,每亩施有机肥1000~1500千克。

(2)种子与播种

燕麦的优良品种较多,不同的品种对生境条件要求不同,生长发育节律不同,生产性能也各不相同。各地应根据当地气候、土壤状况和利用目的选用适合当地的优质高产品种。

播种前做好待播种子的品质检验、判定级别,计算实际播种量。种子田用种,必须达到国家规定的Ⅰ级种子标准。收草田用种,不得低于国家规定的Ⅲ级种子标准。每亩播种量为:种子田12.5~15.0千克;收草田15.0~17.5千克。牧区种子应于4月下旬至5月初播种,牧草于6月初播种为宜,最迟不过6月中旬,与箭筈豌豆混播应在5月中旬进行。

（3）田间管理

燕麦在苗期应注意除草，拔节期适量追施氮肥可显著提高产草量。

（4）收获与利用

籽粒应在完熟期及时收获、脱粒、晒干、贮藏。用作精料时，可根据不同的饲喂对象，粉碎成粉状或颗粒状或整粒投喂。青贮应在抽穗至初花期刈割。无论是窖青贮或是塑料袋青贮，都需要铡短，节长4~6厘米为宜。调制干草宜在抽穗至花期进行，割后捆束，降雨较多的地区要架晾，严防霉烂。高寒牧区可有计划地安排适宜的播种期，经霜后冻干，收割高品质的冻干草。

9.藜麦有哪些特性？清水县可以种植吗？

藜麦原产于南美洲安第斯山区，是印加当地居民的主要传统食物，有悠久的种植历史，藜麦属藜科，双子叶植物。植株呈扫帚状，株高从几十厘米到3米不等，根系属浅根系，序状花序，主梢和侧枝都结籽，自花授粉。种子为圆形药片状，直径为1.5~2毫米，大小与小米接近，比小米轻，千粒重1.4~3克，表皮有一层水溶性的皂角苷。不同品种种子大小和颜色有差异，大多为灰白色、乳黄色，也有部分品种的种子颜色为黑色、紫色等。

藜麦具有耐寒、耐旱、耐瘠薄、耐盐碱等特性。食用的品种主要种植在安第斯山海拔3000米左右，降雨量在300毫米的高海拔山区。根据藜麦的起源和对环境条件的要求，在清水县种植是可以的，而且其营养价值也很高，在国际上很受追捧，但其市场尚未成熟，种植技术也有待完善，若想发展，首先要做好市场调研，了解销售渠道。然后，先进行小面积种植试验，摸索总结种植技术，逐步拓展市场。

第5部分 粮食作物种植技术

重点在线 ZHONGDIANZAIXIAN

第6部分

油料作物种植技术

1.武威冬油菜冬季如何管理?

(1)品种选择

要选用抗寒性强的冬油菜品种,如陇油6号、7号等冬油菜品种,以保证武威冬季极端天气冬油菜能正常越冬。

(2)镇压保墒

在土壤封冻且冬油菜地上叶片全部干枯后,可用石磙镇压1~2次,通过镇压填实土壤裂缝,减少表层蒸发,保蓄土壤水分,提高冬油菜的越冬率,有利于返青和冬后早发。

(3)中耕培土

土壤封冻前,结合追肥深锄一次(6~7厘米)进行培土,促进根系发育,增强油菜防寒作用,但不要埋住生长点。

(4)追施越冬肥

根据土壤肥力情况和幼苗生长情况适量进行追肥,结合浇水一般亩追尿素5~7.5千克,同时增施适量的硼肥或亩施腐熟的农家肥800~1500千克加尿素2~3千克,促进根系发育培育壮苗。

(5)浇灌越冬水

有灌溉条件的冬油菜田在冬季土壤昼消夜冻时进行冬灌,浇水量要充足,以保油菜安全越冬。

(6)防冻覆盖保温。利用作物秸秆和腐熟的农家肥在冬季对冬油菜地进行覆盖,确保其安全越冬。

(7)在深秋和初春防治牲畜啃青。

(8)油菜冬眠前和开春返青后,要提前预防和及时防控冬油菜病虫草害。

2.临夏能种冬油菜吗?种什么品种好?冬季该怎样管理?

甘肃冬油菜主产区主要在陇东、陇南及兰州以东地区,但随着冬油菜北移项目的实施,现在北到景泰、西到酒泉肃州区都可以种植冬油菜,所以说临夏地区也可以种植冬油菜。在品种上最好选用抗极温天气的陇油6号、7号和天油8号等。

冬季田间管理措施如下:

(1)越冬前要及时中耕除草,防止冬前旺长过高

一般3~4片真叶期结合间苗、定苗,中耕一到两次,既有利提墒保温促进幼苗生长,且深中耕又可预防冬前生长过快产生高脚苗,以培育壮苗确保冬油菜正常越冬。播前对于杂草过多的地块,可用化学除草剂百草枯或草甘膦进行防除。苗后2~3片真叶期,杂草过多的地块可用12.5%的盖草进行防除。

(2)补灌追肥,确保冬前培育壮苗

有灌溉条件的地块,在土壤墒情较差的情况下,苗后可进行补灌,结合灌水弱苗地块可适当进行追肥,一般亩追施尿素5千克左右,促进弱苗生长,以培育壮苗确保安全越冬。

(3)镇压保墒,确保冬油菜正常越冬

镇压耙耱可以降低土壤孔隙度,破坏土壤毛细管而减少水分蒸发,防止干旱,起到抗旱保墒保温的作用。一般在地上叶片全部干枯后镇压耙耱

一到两次。

(4)覆盖防冻,安全越冬

为了保护裸露在外的幼苗生长点安全越冬,防止家畜啃食,进入冬季后用作物秸秆对冬油菜地块进行覆盖。

3.冬油菜"秋壮春发"栽培技术具体如何操作?

"秋壮春发"技术是针对甘肃及北方寒、旱区冬季严寒漫长,干旱少雨的特点而提出的一项提高冬油菜抗寒能力和单产水平的集成技术,"秋壮"即秋季培育壮苗,"春发"即春季促早发,主要技术要点包括以下几方面。

(1)选择抗寒品种

天水及平凉和庆阳南部区域可选择天油5号、7号、8号、陇油8号、9号,搭配宁油1号等,庆阳和平凉北部区域及兰州以西、以北地区及河西走廊应选择抗寒性强的陇油6号、7号、8号,搭配陇油9号、延油2号。

(2)冬前培育壮苗,为安全越冬创造条件

①选好前茬。最佳的前茬为豆类、麦类或早熟马铃薯,避免重茬。

②整地和土壤处理。水地前茬作物收获后,油菜播前一周左右及时灌泡茬水,待土壤适宜作业时翻耕、耙糖;旱地在前茬收获后随即耕翻灭茬,集雨纳墒,播前遇雨耙糖整地待播。整地要做到,地面平整,上虚下实,墒情充足,以利播种。对地下害虫和象甲类害虫较重的地块,可结合整地每亩用50%辛硫磷250毫升拌毒土40~50千克撒入土中进行土壤处理。

③施足基肥。结合整地每亩施优质农家肥3000~4000千克、尿素20~25千克、过磷酸钙40~55千克、硼砂0.25~0.3千克。磷肥全部作为基肥,硼肥90%作基肥、10%叶面追肥,氮肥50%作种肥、50%作追肥。

④种子处理。播前用噻虫嗪进行药剂拌种,预防地下害虫或跳甲。

⑤精量播种,合理密植。提倡机械精量播种,墒情较好的地块亩用种0.25~0.3千克,墒情较差可适当加大播量。播深4厘米左右,行距20厘米,株距7厘米左右,播种时安装镇压轮沿播种沟镇压保墒,亩保苗4万~6万株。

⑥适期播种。一般8月中旬播种,最迟于8月底播种完毕。

⑦间、定苗。2~3叶时结合除草进行间苗、定苗。

(3)冬季管理,提高越冬率

①冬灌保墒。有灌溉条件的地区应进行冬前灌水,一般在土壤结冻前,夜冻昼消时为宜。

②镇压保墒。耙糖镇压可减少土壤颗粒之间的孔隙度,破坏土壤毛细管,切断蒸发通道,从而减少水分蒸发,起到保墒蓄水的作用。一般应在叶片全部干枯后进行镇压1~2次。

③保护叶片。要防止牲畜啃食和践踏油菜叶片,破坏生长点,造成越冬率下降。

(4)促春发,稳发快长

①适时追肥、灌水。a.追肥、灌水:追肥一般分2~3次,追施尿素总量为10~12千克。返青前15天左右糖播施肥或者冬季雪上追肥1次,返青后15天左右追施薹肥,初花期追肥1次。地力条件好,长势好的地块,追肥应迟施轻施;地力较差,长势较弱的田块,追肥要早施多施;降水少,干旱时要少施。薹肥的施肥原则是:早施、重施、速效。b.喷施硼肥:用2%的尿素、3%的过磷酸钙、0.18%的硼砂混合液初花期进行叶面喷雾,每隔7天喷施一次,一般喷施2~3次。c.灌溉补水:有灌溉条件的地块在返青后抽薹期、初花期、盛花期及终花期各灌水一次。后期灌水要减少灌水量,以免贪青晚熟和倒伏。

②中耕除草。在油菜抽薹时结合除草进行中耕,可有效提高地温,促进根系生长,减少水分蒸发和起到保墒的作用。

4.种植胡麻需要倒茬吗?如何倒茬才能获得更高的产量?

种植胡麻需要轮作倒茬,不能重茬、迎茬种植。尤其是迎茬种植比重茬给胡麻带来的危害更大,因为迎茬是将上两年种植过的土壤耕翻到耕作层上,使得胡麻所需的养分缺失,同时危害胡麻的杂草种子和病虫害也随之耕翻到上层,使胡麻的正常生长受到影响。

农作物之所以要进行合理的轮作倒茬,是因为它在农业生产中有着极其重要的作用:一是维持土壤养分的平衡;二是抑制病虫害的发生;三是减轻寄生性杂草的危害;四是调节土壤水分;五是增加作物产量、改善品质、提高质量,同时还可起到调节劳动力的作用。

适宜胡麻的最佳前茬作物为紫花苜蓿、春小麦、大麦、玉米、豌豆等作物,而谷子、高粱茬则较差,影响产量。马铃薯、甜菜也不宜作胡麻前茬,因为其茬口土壤过于疏松不利于胡麻出苗保苗,且丝核菌病也较严重。

胡麻一般实行3年以上轮作,枯萎病已发生的地块应在5年以上,如果发生严重的地块则需要更长的轮作间隔。适宜的轮作方式为:秋作物(玉米)—豆科作物—小麦(3~4年)—胡麻或豆科作物—小麦(3~4年)—秋作物(玉米)—胡麻。

第6部分 油料作物种植技术

参 与 方 式

1. 全省范围,不加区号,直接拨打12316。
2. 加入"甘肃12316互动交流群",QQ群号:322915909。

参 与 媒 体

1. 电视

《12316走进三农》,甘肃电视台经济频道每周五19:47播出,每周六12:47、每周二12:47重播。

2. 广播

《12316三农热线》,甘肃农村广播(FM92.2)每天13:00~14:00直播。

《12316金色田野》,甘肃新闻综合广播(FM96、AM684、AM873)每周一、三、四、五14:00~15:00直播。

3. 网站

通过浏览甘肃农业信息网(nync.gansu.gov.cn)"三农热线"栏目获取更多服务与帮助。

4. 报纸

《甘肃农民报》"农家富"版面。